全国电力继续教育规划教材

电气二次回路识图

全国电力继续教育规划教材编委会 组 编

王 宇 黄院臣 主 编

韩 丽 副主编

刘娟根 王 艳 石长法 延 勇 牛胜利 编 写

中国电力出版社
CHINA ELECTRIC POWER PRESS

内 容 提 要

本书为全国电力继续教育规划教材，共九章。其主要内容包括二次回路概述、互感器二次回路、高压断路器二次回路、主变压器相关的二次回路、隔离开关二次回路、220kV线路保护二次回路、自动装置二次回路、发电机励磁回路和大型电动机控制、智能化变电站二次回路。

本书内容新颖且实用性强，同时为方便读者学习，每章均附有思考题。本书既可作为电力员工培训教材，也可作为高职高专院校电力技术类专业的教材，以及其他学生的参考用书。

图书在版编目（CIP）数据

电气二次回路识图/王宇，黄院臣主编；全国电力继续教育
规划教材编委会组编. —北京：中国电力出版社，2015.7（2024.11 重印）
全国电力继续教育规划教材
ISBN 978 - 7 - 5123 - 7159 - 0

Ⅰ. ①电…　Ⅱ. ①王…②黄…③全…　Ⅲ. ①二次系统-电
路图-识别-继续教育-教材　Ⅳ. ①TM645.2

中国版本图书馆 CIP 数据核字（2015）第 018487 号

中国电力出版社出版、发行
（北京市东城区北京站西街 19 号　100005　http：//www.cepp.sgcc.com.cn）
北京雁林吉兆印刷有限公司印刷
各地新华书店经售

*

2015 年 7 月第一版　2024 年 11 月北京第五次印刷
787 毫米×1092 毫米　16 开本　10.25 印张　246 千字
定价 42.00 元

全国电力继续教育规划教材编委会

（排名顺序不分先后）

前　言

本书为全国电力继续教育规划教材。

为贯彻落实《国家中长期教育改革和发展规划纲要（2010—2020）》要求加快发展继续教育的文件精神，满足电力行业产业发展对高技术技能型人才的需求，在中国电力企业联合会、国家电网公司领导下，全国各电力高职高专院校、电力培训中心、电力企业与中国电力出版社共同参与，深入探讨新形势下电力企业专业技术人员拓展专业知识、提升专业素质的问题，以编写继续教育通用教材为契机，交流合作、集思广益，充分发挥校企各自的优势，组织编写全国电力继续教育规划教材，全面提升电力企业人才职业技能水平。

本书坚持继续教育教材主旨，紧密结合我国电气技术发展现状，着重体现当前电力技术发展主流，以目前主要采用的综合自动化技术为主要内容，并紧跟时代发展前沿的智能化变电站新技术，重点讲述二次回路的基本知识、构成规律及基本识图方法。

本书在编写原则上，以岗位能力为核心，力求拓宽读者专业知识，提高专业素质和实际工作能力；在内容定位上，突出针对性、实用性和可操作性，体现理论与实际相结合。以设备为单元重点讲述主体二次回路，并始终贯穿如何识图；在写作方式上，力争做到注重实用、主线突出、结构清晰、深入浅出、简明扼要。

本书在编写过程中力求从电力生产实际出发，深入生产现场及设备厂家等进行多方调研，以最新的国家标准、行业标准、专业性文件和有关的技术资料为指导，尽可能体现当前的新设备、新知识、新技术，采用的图大多来自现场工程用图，同时融入了编者多年的实际工作经验。

本书共九章，主要内容包括二次回路概述、互感器二次回路、高压断路器二次回路、主变压器相关的二次回路、隔离开关二次回路、220kV 线路保护二次回路、自动装置二次回路、发电机励磁回路和大型电动机控制、智能变电站二次回路。

本书由长沙电力职业技术学院王宇、山西阳泉供电公司黄院臣主编，阳泉供电公司韩丽为副主编。其中第一、二章由长沙电力职业技术学院王宇编写，第三、四章由山西阳泉供电公司刘娟根编写，第五、六章由山西阳泉供电公司石长法编写，第七、八章由长沙电力职业技术学院王艳编写；第九章由山西阳泉供电公司延勇、牛胜利编写。

山西省电力公司经济技术研究院黄河、山西阳泉供电公司张瑞杰参与审核，提出了许多宝贵意见，在此表示衷心的感谢。

由于编写时间仓促，书中难免存在疏漏之处，恳请各位专家和读者批评指正。

编　者

2014. 12

目　录

第一章 二次回路概述

本章主要讲述二次回路的基本知识、二次回路的组成方法及标号原则、二次回路图和二次回路识图的基本方法。

第一节 二次回路的基本知识

一、二次回路的基本概念

在电力系统中，根据电气设备的作用将其分为一次设备和二次设备。直接生产、输送、分配电能的高电压、大电流的设备，称为一次设备，如发电机、变压器、断路器、隔离开关、电抗器、互感器、母线、输电线路等，是构成电力系统的主体。由一次设备连接组成的电路称为一次回路或称电气主接线。而对一次设备进行监视、测量、控制、调节和保护的设备，称为二次设备，二次设备包括测量仪表、控制及信号设备、继电保护装置、自动装置、操作电源、控制电缆和熔断器等。由二次设备相互连接构成的电路称为二次回路，它是确保电力系统安全生产、经济运行和可靠供电不可缺少的重要组成部分。

二、二次回路的分类

1. 按二次回路的功能分类

二次回路根据完成的功能不同分为测量及计量回路、继电保护和自动装置回路、控制回路、调节回路、信号回路、操作电源回路、同期回路。各回路的组成和作用如下：

（1）测量及计量回路。由各种测量仪表及相关回路组成，用于指示或记录一次设备的运行参数，以掌握一次设备的运行状态。

（2）继电保护和自动装置回路。由测量部分、逻辑分析部分和执行部分组成，用于自动、快速、有选择性地切除故障设备，并尽快恢复系统的正常运行，保证电力系统的稳定性。

（3）控制回路。由控制开关、控制对象（断路器、隔离开关）的传递机构、操作或执行机构组成，用于对控制对象进行"跳闸"或"合闸"的控制。按控制距离可分为就地控制和远方控制；按自动化程度可分为手动控制和自动控制；按控制方式可分为集中控制和分散控制；按电源电压和电流大小可分为强电控制和弱电控制。

（4）调节回路。由测量机构、传送机构、调节器和执行机构组成，用于根据一次设备参数的变化，实时在线调节一次设备的工作状态，以满足运行要求。

（5）信号回路。由信号发生机构、传送机构及信号器具组成，用于反映一、二次设备的运行状态，为运行人员提供操作、调节和处理故障的依据。

（6）操作电源回路。由电源设备和供电网络组成，为控制、信号、继电保护和自动装置等提供工作电源。

（7）同期回路。在需要经常解列、并列的发电厂和变电站，用于电力系统的并列。

2. 按二次回路的供电电源分类

二次回路要实现各自的功能，通常都需接入提供一次设备运行状态的信息源和保证二次设备工作的控制或操作电源等。按照二次回路供电电源的性质，其又可分为交流回路和直流回路两大类。

（1）交流回路。由电流互感器和电压互感器供电的回路，为二次设备采集相关一次设备的电流、电压等交流状态运行参数，以实现对一次系统设备运行工况的监视、测量、控制、调节和保护等功能。

（2）直流回路。由直流电源正极到负极之间连接的回路，主要为二次装置提供电源、指示所有设备的运行状态和提供开关设备的操作电源等。

三、装置内部与外部的二次回路连接

随着计算机、通信技术的发展，电力系统的自动化水平越来越高，自动化设备的种类越来越多，二次回路间的分界越来越模糊，范围也越来越宽泛。如变电站综合自动化系统使测量、保护及控制等功能得到集成，二次回路大大简化。电网安全稳定实时预警及协调防御系统（EACCS）通过通信系统将整个或局部电网控制系统连接为一个整体。如图1-1所示为分层分布式集中组屏的变电站综合自动化系统结构图。但是就某一个二次装置而言，内部与外部的二次回路连接，目前仍然包含以下几个分回路的部分或全部。

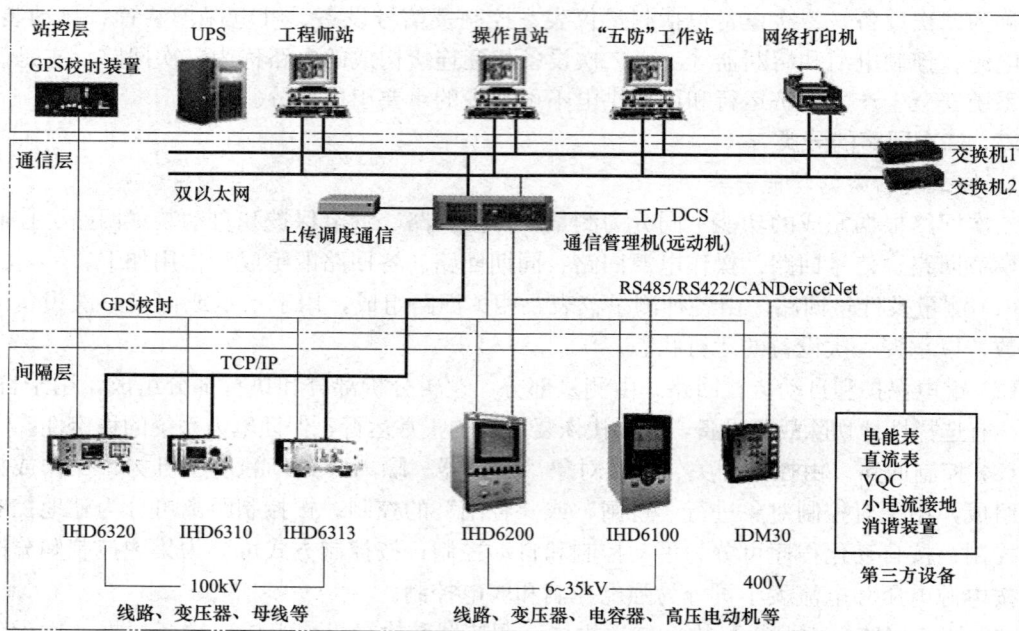

图1-1 分层分布式集中组屏的变电站综合自动化系统结构图

（1）模拟量输入回路。模拟量输入回路有为装置提供的工作电源的直流电源回路，以及为装置提供测量元件所需的被测控设备的交流电流和交流电压（或直流信号）回路。如图1-2所示为目前微机型保护装置的典型交流模拟量的输入回路，其包含电流和电压输入回路。

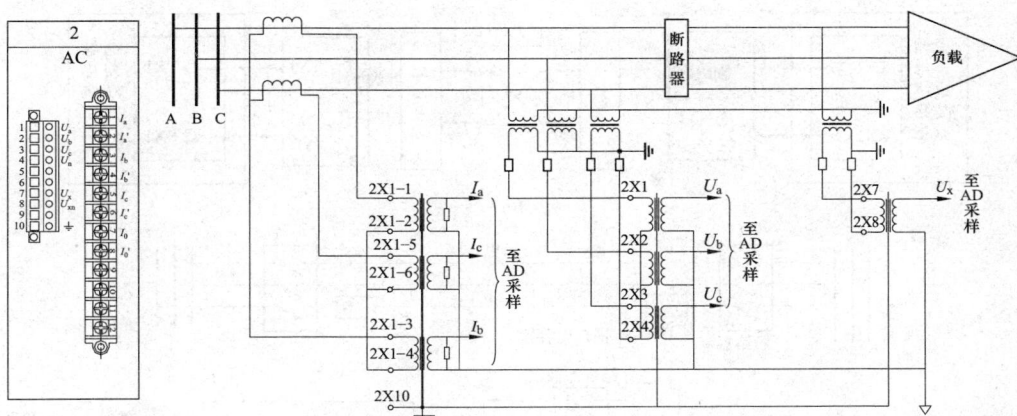

图 1-2 微机型保护装置典型交流模拟量输入回路

（2）外部开关量输入回路。外部开关量输入回路提供装置逻辑回路用外部开关量辅助判断信号等，包括本屏或者相邻屏上其他装置引入的弱电开入量信号以及从较远处电气一次设备引入的强电开入量的信号。如图 1-3 所示为微机型装置光电耦合式开入回路。

（3）开关量输出回路。开关量输出回路提供各继电器引出的空触点，至相应的电气设备二次回路。如图 1-4 所示为微机型装置常用继电器触点输出回路。

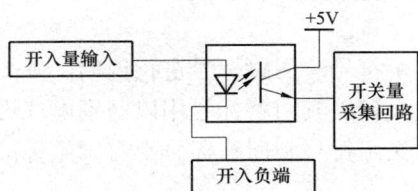

图 1-3 微机型装置光电耦合式开入回路

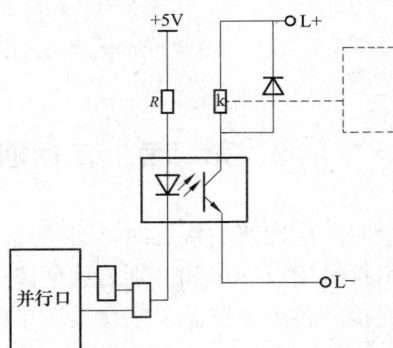

图 1-4 微机型装置常用继电器触点输出回路

（4）纵联保护信号传输回路。纵联保护信号传输回路包括高频信号传输回路、光信传输回路等。如图 1-5 所示为光信传输回路，其中图（a）为专用光纤连接方式传输回路，图（b）为复用光纤连接方式传输回路，图（c）为高频信号连接方式传输回路。

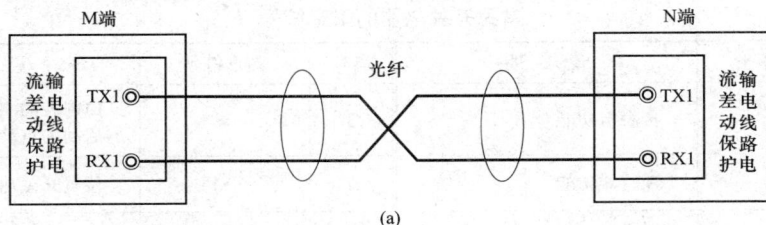

图 1-5 光信传输回路（一）

（a）专用光纤连接方式传输回路

(b)

(c)

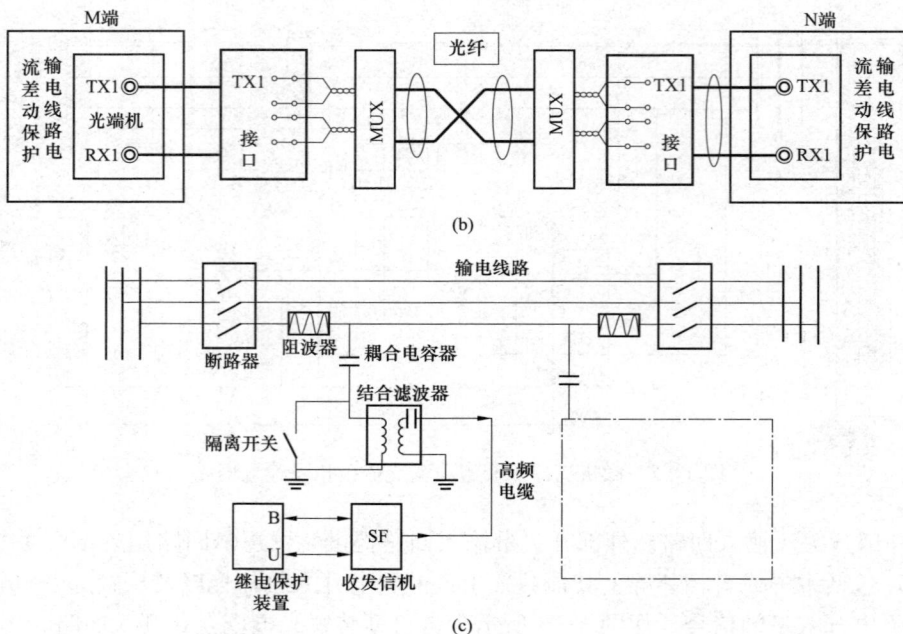

图 1-5 光信传输回路（二）

（b）复用光纤连接方式传输回路；（c）高频信号连接方式传输回路

第二节 二次回路的组成方法及标号原则

在绘制二次回路的接线时，必须用图形符号、文字符号、回路标号进行说明。其图形符号和文字符号用以表示和区别二次回路中的各个电气设备，其回路标号用以区别电气设备之间互相连接的各个回路。二次接线图中的图形符号、文字符号和回路标号都有国家标准和国际标准。

一、二次回路的图形符号、文字符号

1. 图形符号

图形符号用来直观地表示二次回路图中任何一个设备、元件、功能单元等，目前国内规定使用的是 2009 年 1 月 1 日开始实施的 GB/T 4728—2008《电气简图用图形符号》。常见的图形符号见表 1-1～表 1-8。

表 1-1　　　　　　　　　　　　　　常见开关电器的限定符号

序号	图形符号	说　　明	序号	图形符号	说　　明
1	◖	接触器功能	5	■	由内装的测量继电器或脱扣器启动的自动释放功能
2	✕	断路器功能	6	◺	位置开关功能
3	—	隔离开关功能	7	◁	自动返回功能
4	⤲	负荷开关功能	8	○	无自动返回功能

表 1-2 　　　　　　　　其 他 常 用 符 号

序号	图形符号	说　明	序号	图形符号	说　明
1		手动控制操作件	8	 Ⓜ------	电动机操作
2		旋转操作	9	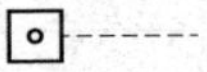	计数器操作
3	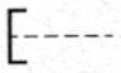	按动操作	10	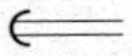	延时动作（但运动方向从圆弧指向圆心时动作被延时）
4		储存机械能操作	11	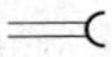	延时动作（但运动方向从圆弧指向圆心时动作被延时）
5	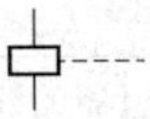	电磁效应操作	12	 ---◁---	自动复位
6		电磁器件操作，如过电流保护	13	 ---∨---	自锁
7		热器件操作，如过电流保护	14	 ---▽---	机械联锁

表 1-3 　　　　　　　　常用电力开关器件图形符号

序号	图形符号	说　明	序号	图形符号	说　明
1		开关	6	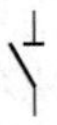	隔离开关
2		接触器（主动合触点）	7	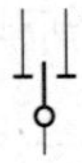	具有中间断开位置的双向隔离开关
3		具有由内装的测量继电器或脱扣器触发的自动释放功能的接触器	8		负荷开关
4	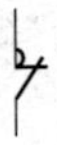	接触器（主动断触点）	9		具有由内装的测量继电器或脱扣器触发的自动释放功能的负荷开关
5		断路器	10	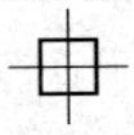	自由脱扣机构

◄ 5 ►

表 1 - 4　　　　　　　　　　　　　　　**常见操作器件图形符号**

序号	图形符号	说　明	序号	图形符号	说　明
1	形式1	操作器件一般符号、继电器线圈一般符号	8		缓慢吸合继电器的线圈
2	形式2				
3	形式1	具有两个独立绕组的操作器件的组合表示法	9		快速继电器（快吸快放）的线圈
4	形式2				
5	形式1	肯有两个独立绕组的操作器件的分立表示法	10		机械保持继电器的线圈
6	形式2				
7		缓慢释放继电器的线圈	11		极化继电器的线圈。其中极性圆点（·）用以表示通过极性继电器绕组的正电流自下而上激励线圈时，动触点与标有极性圆点的静触点闭合
			12		

表 1 - 5　　　　　　　　　　　　　　　**常见触点图形符号**

序号	图形符号	说　明	序号	图形符号	说　明
1		动合（常开）触点 本符号也可为开关的一般符号	9		当操作器件被释放时，暂时闭合的过渡动合触点
2					
3		动断（常闭）触点	10		当操作器件被吸合时延时闭合的动合触点
4		先断后合的转换触点	11		当操作器件被释放时延时断开的动合触点
5		中间断开的双向转换触点	12		当操作器件被吸合时延时断开的动断触点
6	形式1	先合后断的双向转换触点	13		当操作器件被释放时延时闭合的动断触点
7	形式2				
8		当操作器件被吸合时，暂时闭合的过渡动合触点	14		有自动返回的动合触点

表 1－6   常用测量继电器的限定符号

序号	图形符号	说　明	序号	图形符号	说　明
1	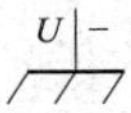 $U\ -$	对机壳故障电压（故障时的机壳电位）	6		对地故障电流
2	U_{rsd}	剩余电压	7	I_N	中性线电流
3	$I \leftarrow$	反向电流	8	I_{N-N}	两个多相系统中性线之间的电流
4	I_d	差动电流	9		定时限延时特性
5	I_d/I	差动电流百分比	10	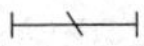	反时限延时特性

表 1－7   常用测量继电器图形符号

序号	图形符号	说　明	序号	图形符号	说　明
1	$\boxed{U=0}$	零电压继电器	4	 $\boxed{I>}$	延时过电流继电器
2	$\boxed{I \leftarrow}$	逆电流继电器	5	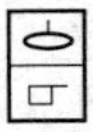	瓦斯保护器件
3	$\boxed{P<}$	欠功率继电器	6	 $\boxed{0 \rightarrow I}$	自动重闭合器件 自动重合闸继电器

表 1－8   常用熔断器、间隙和避雷器图形符号

序号	图形符号	说　明	序号	图形符号	说　明
1		熔断器的一般符号	5		熔断器式开关
2		熔断器烧断后仍可使用，一端用粗线表示的熔断器	6		熔断器式负荷开关
3	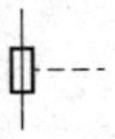	带机械连杆的熔断器（撞击式熔断器）	7		火花间隙
4		具有独立报警电路的熔断器	8		避雷器

2. 文字符号

文字符号可作为限制符号与一般图形符号组合使用，成为新图形符号。按照国家标准 GB 5094.3—2005《工业系统、装置与设备以及工业产品结构原则与参照代号　第 3 部分：应用指南》和 DL 5028—1993《电力工程制图标准》，对常用的电气设备的代号进行编制。其一般规律是，同一设备（元件）的不同组成部分必须采用相同的文字符号。文字符号按有关电气名词的英文术语缩写而成，采用该单词的第一位字母构成文字符号，一般不超过三位字母。同一电气单元、同一电气回路中的同一种设备的编序，用阿拉伯数字表示，放在设备文字符号的前面。常见的文字符号见表 1 - 9、表 1 - 10。

表 1 - 9　　　　　　　　　　　已标准化的各类代号用单字母码

字母码	项目种类	字母码	项目种类
A	组件 部件	N	模拟集成电路
B	变换器 （从非电量到电量或相反）	P	测量设备 试验设备
C	电容器	Q	电力电路的开关
D	二进制单元 延迟器件 存储器件	R	电阻器
E	杂项	S	控制电路的开关、选择器
F	保护器件	T	变压器
G	电源、发电机	U	调制器
H	信号器件	V	电真空器件、半导体器件
J	—	W	传输通道、波导、天线
K	继电器、接触器	X	端子、插头、插座
L	电感器 电抗器	Y	电气操动的机械装置
M	电动机	Z	终端设备、混合变压器、滤波器、 均衡器、限幅器

表 1 - 10　　　　　　　　　　　已标准化的各类代号用双字母码

项目类别	器件举例	双字母码	项目类别	器件举例	双字母码
A	电桥 晶体管放大器 集成电路放大器 磁放大器 电子管放大器 印刷电路板 抽屉柜 支架盘	AB AD AJ AM AV AP AT AR	B	压力变换器 位置变换器 旋转变换器（测速发电机） 温度变换器 速度变换器	BP BQ BR BT BV

项目类别	器件举例	双字母码	项目类别	器件举例	双字母码
C	—	—	Q	断路器	QF
D	—	—		电动机保护开关	QM
				隔离开关	QS
E	发热器件	EH	R	电位器	RP
	照明灯	EL		测量分流器	RS
	空气调节器	EV		热敏电阻器	RT
				压敏电阻器	RV
F	具有瞬时动作的限流保护器件	FA	S	控制开关	SA
	具有延时动作的限流保护器件	FR		选择开关	SA
	具有延时和瞬时动作的限流保护器件	FS		按钮开关	SB
	熔断器	FU		液位传感器	SL
	限压保护器件	FV		压力传感器	SP
				位置传感器（包括接近传感器）	SQ
G	同步发电机、发生器	GS		转数传感器	SR
	异步发电机	GA		温度传感器	ST
	蓄电池	GB	T	电流互感器	TA
	变频机	GF		控制电路电源用变压器	TC
H	声响指示器	HA		电力变压器	TM
	光指示器	HL		磁稳压器	TS
	指示灯	HL		电压互感器	TV
K	瞬时接触器继电器	KA	U	—	—
	瞬时有或无继电器	KA	V	电子管	VE
	交流继电器	KA		控制电路用电源的整流器	VC
	闭锁接触继电器	KL	W	—	—
	双稳态继电器	KL	X	连接片	XB
	接触器	KM		测试插孔	XJ
	极化继电器	KP		插头	XP
	簧片继电器	KR		插座	XS
	延时有或无继电器	KT		端子板	XT
	逆流继电器	KR	Y	电磁铁	YA
L	—	—		电磁制动器	YB
M	同步电动机	MS		电磁离合器	YC
	可做发电机或电动机用的	MG		电磁吸盘	YH
	电机力矩电动机	MT		电动阀	YM
N	—	—		电磁阀	YV
P	电流表	PA	Z	—	—
	（脉冲）计数器	PC			
	电能表	PJ			
	记录仪器	PS			
	时钟、操作计时器	PT			
	电压表	PV			

二、回路标号法

二次回路接线中的各个电气设备，都按一定要求进行连接。展开图中一些数字或数字与文字的组合，称之为回路标号。回路标号按"等电位"的原则，即回路中连于一点（即等电位点）上的所有导线都标以相同的回路标号。回路标号以一定的规则反映了回路的特征，使工作人员能对该回路的用途和性质一目了然，便于二次回路缺陷查找和故障分析。

1. 回路标号的原则

(1) 同一回路中由电气设备（元件）的线圈、触点、电阻、电容等所间隔的线段，都视为不同的线段（在触点断开时，触点两端已不是等电位），应给予不同的回路标号。

(2) 回路标号一般由 3 位及以上数字组成，根据回路的不同种类和特征进行分组，每组规定了编号数字的范围，交流回路为标明导线相别，在数字前面加上 A、B、C、N、L 等文字符号。对于一些比较重要的回路都给予了固定的编号，如直流正、负电源回路，跳、合闸回路等。

(3) 直流回路标号方法。以奇数表示正极，如 101，偶数表示负数，如 102，先从正电源出发，以奇数顺序编号，直至最后一个有压降的元件为止。如果最后一个有压降的元件的后面不是直接连在负极上，而是通过连接片、开关或继电器触点接在负极上，则下一步应从负极开始以偶数顺序编号至上述已有编号的触点为止。

回路标号也能区分回路的功能，如直流回路、交流回路、信号回路等，即每根小母线都有文字符号和回路标号，每个回路的等电位都有回路标号，在表 1-11～表 1-14 中说明这种回路标号的方法。

2. 推荐的二次回路标号

根据标准 IEC 60617 的规定，导线的文字标号不一定要有，也不一定要统一标号。常用二次回路导线的标号摘自《电气工程设计手册》，以供参考。

(1) 二次回路导线标号的构成。二次回路导线标号由"约定标号＋序数字"构成，约定标识见表 1-11。

表 1-11　　　　　　　　　　导线的 IEC 标记和导线的约定标识表

导线名称	IEC 标记	回路（导线）名称	约定标号
交流电源系统 1 相	L1	保护用直流	0
交流电源系统 2 相	L2	直流分路控制回路	1～4
交流电源系统 3 相	L3	励磁回路	6
交流电源系统中性线	N	信号回路	7
直流电源系统正极	L＋或＋	断路器遥信回路	80
直流电源系统负极	L－或－	断路器机构回路	87
直流电源系统中间线	M	隔离开关闭锁回路	88
保护导线	PE	发电机调速回路	00
不接地保护导线	PU	其他回路	9
保护导线兼作中性线	PEN	交流回路	A、B、C、N（L、S_C）
接地线	E	交流电压回路	A_6、A_7…
无噪声接地线	TE	交流电流回路（测量及保护）	A_1、A_2…
接壳线	MM	交流母差电源回路	A_3…
均压线	CC	—	—

序数字只要起到区别作用即可，如果要约定，建议只约定下面 4 种：

1) 正极导线，序数号约定为 01；

2) 负极导线，序数号约定为 02；

3) 合闸导线，序数号约定为 03；

4）跳闸导线，序数号约定为 33。

约定的目的主要是引起调试和运行人员的重视，当 01 与 03 短接时会引起合闸，当 01 与 33 短接时会引起跳闸。

如果跳闸导线有许多根，可写成 33-1、33-2、33-3 等或 33.1、33.2、33.3 等。

如果合闸导线有许多根，可写成 03-1、03-2、03-3 等或者 03.1、03.2、03.3 等。

（2）直流回路的数字标号组，见表 1-12。

表 1-12 直流回路的数字标号组

回路名称	数字标号组			
	一	二	三	四
正电源回路	101	201	301	401
负电源回路	102	202	302	402
合闸回路	103	203	303	403
跳闸回路	133、1133 1233	233、2133 2233	333、3133 3233	433、4133 4233
备用电源自动合闸回路	150～169	250～269	350～369	450～469
开关设备的位置信号回路	170～189	270～289	370～389	470～489
事故跳闸音响信号回路	190～199	290～299	390～399	490～499
保护回路	01～099 或 0101～0999			
信号及其他回路、断路器遥信回路	701～799 或 7011～7999 801～899 或 8011～8999			
断路器合闸线圈或操动机构电动机回路	871～879 或 8711～8799			
隔离开关操作闭锁回路、变压器零序保护共用电源回路	881～889 或 8811～8899 001、002、003			

注 1. 无备用电源自投的安装单位，标号 150～169 可作为其他回路的标号。

　2. 当断路器或隔离开关为分相操动机构时，序号 3、4、11、12 等回路编号后应以 A、B、C 标志区别。

（3）交流回路的数字标号组，见表 1-13。

表 1-13 交流回路的数字标号组

回路名称	互感器的文字符号及电压等级	回路标号组				
		A（U）组	B（V）组	C（W）组	中性线	零序
保护装置及测量表计的电流回路	TA	A11～A19	B11～B19	C11～C19	N11～N19	L11～L19
	TA1-1	A111～A119	B111～B119	C111～C119	N111～N119	L111～L119
	TA1-2	A121～A129	B121～B129	C121～C129	N121～N129	L121～L129
	TA1-9	A191～A199	B191～B199	C191～C199	N191～N199	L191～L199
	TA2-1	A211～A219	B211～B219	C211～C219	N211～N219	L211～L219
	TA2-9	A291～A299	B291～B299	C291～C299	N291～N299	L291～L299
	TA11-1	A1111～A1119	B1111～B1119	C1111～C1119	N1111～N1119	L1111～L1119
	TA11-2	A1121～A1129	B1121～B1129	C1121～C1129	N1121～N1129	L1121～L1129

回路名称	互感器的文字符号及电压等级	回路标号组				
		A（U）组	B（V）组	C（W）组	中性线	零序
保护装置及测量表计的电压回路	TV1	A611～A619	B611～B619	C611～C619	N611～N619	L611～L619
	TV2	A621～A629	B621～B629	C621～C629	N621～N629	L621～L629
	TV3	A631～A639	B631～B639	C631～C639	N631～N639	L631～L639
在隔离开关辅助触点和隔离开关位置继电器触点后的电压回路	110kV	A（B、C、L、Sc）710～719，N600				
	220kV	A（B、C、N、L、Sc）720～729，N600				
	35kV	A（C、N）730～739，B600				
	6～10kV	A（C、N）760～769，B600				
	500kV	A（B、C、L、Sc）750～759，N600				
绝缘监察电表的公用回路	—	A700	B700	C700	N700	
母线差动保护公用的电流回路	110kV	A310	B310	C310	N310	
	220kV	A320	B320	C320	N320	
	35kV	A330	B330	C330	N330	
	6～10kV	A360	B360	C360	N360	
	500kV	A350	B350	C350	N350	

（4）部分小母线文字符号和新旧回路标号对照表，见表 1-14。

表 1-14　　　　　　部分小母线文字符号和新旧回路标号对照表

小母线名称	原编号	新编号一	新编号二	
	文字符号		文字符号	回路标号
控制回路电源	+KM、-KM	L+、L-	+、-	—
信号回路电源	+XM、-XM	L+、L-	+700、-700	7001、7002
合闸电源	+HM、-HM	L+、L-	+、-	—
信号未复归	FM、PM	—	M703、M716	703、716
事故音响信号（不发遥信时）	SYM	—	M708	708
事故音响信号（发遥信时）	3SYM	—	M808	808
预告音响信号（瞬时）	1YBM、2YBM	—	M709、M710	—
预告音响信号（延时）	3YBM、4YBM	—	M711、M712	—
闪光信号	（+）SM	—	M100	100
隔离开关操作闭锁	GBM	—	M880	880

小母线名称	原编号		新编号一	新编号二	
	文字符号			文字符号	回路标号
第一组母线电压	1YMa、1YMb、1YMc、1YML、YMN		L1、L2、L3、N	L1-630、L2-630、L3-630、N-600	A630、B630、C630、L630、N600
第二组母线电压	2YMa、2YMb、2YMc、2YML、YMN		L1、L2、L3、N	L1-640、L2-640、L3-640、N-600	A640、B640、C640、L640、N600
6～10kV 备用段电压	9YMa、9YMb、9YMc、		L1、L2、L3	L1-690、L2-690、L3-690	A690、B690、C690

第三节 二次回路图

一、二次回路图的分类

二次回路的接线是以国家规定的通用图形和文字符号来表示二次设备的相互连接关系。二次回路图可分为原理接线图和安装接线图。原理接线图又可以分为归总式原理接线图和展开式原理接线图（简称展开图）。安装接线图主要有屏面布置图、屏背面接线图、端子排接线图和分板接线图。

随着二次设备的数字化以及继电器的小型化，二次设备的装置多为插件式机构，因此衍生出每块插件的分板接线图或者进一步简化为分板的触点联系图。

二、原理接线图

1. 归总式原理接线图

10kV 线路保护归总式原理接线如图 1-6 所示。

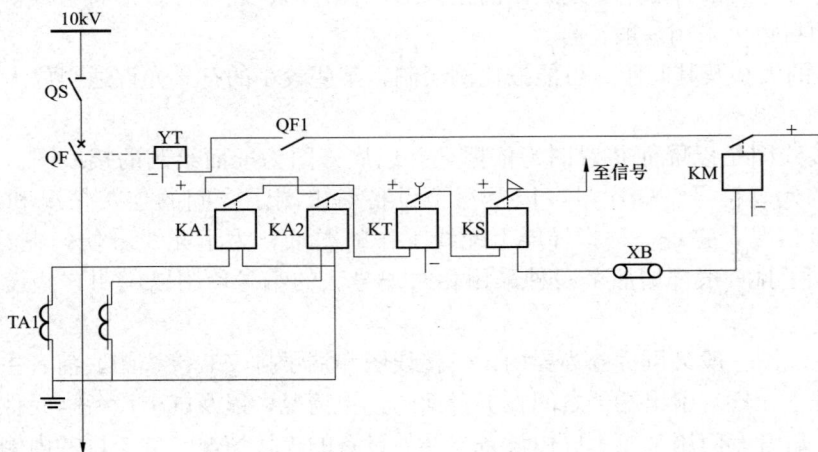

图 1-6 10kV 线路保护归总式原理接线图

归总式原理接线图是以设备（元件）为中心，把二次接线和一次接线的相关部分画在一起，电气元件以整体形式表示（将线图和触点画在一起），其相互联系的电流回路、电压回路和直流回路都综合在一起，能表明二次设备构成、数量及电气连接情况，使看图者对装置的构成有一个明确的整体概念。

归总式原理接线图用统一的图形和文字符号表示，按动作顺序画出，便于分析动作原理。归总式原理接线图没有给出元件的内部接线及元件引出端子编号和回路编号，直流电源只标出电源的极性，没有具体表示从何处引来，因此这种接线图只可作为二次回路的设计依据，不能作为二次回路的施工图，数字化的二次设备已基本不采用归总式原理接线图。

2. 展开式原理接线图

展开式原理接线图简称为展开图。展开图是以回路为中心，把归总式原理接线图按交流电流、交流电压、直流控制回路、信号回路等独立回路展开表示出来，每一个设备或元件的不同组成部分按照逻辑关系分别画在不同的回路中。展开式原理接线图接线清晰，易于阅读，便于掌握保护装置及二次回路的动作原理和过程，得到广泛使用。

三、安装接线图

1. 屏面布置图

屏面布置图是加工制造屏柜和安装屏盘、柜上设备的依据，因此应按一定比例绘制屏上设备（元件）的安装位置及设备（元件）间的距离，并标注外形尺寸和中心线。

屏面布置图是正视图。从屏的正面可熟悉屏上设备（元件）的配置和排列顺序。屏上设备的排列、布置应根据运行操作的合理性及维护的方便性而定，不经常调整操作的设备（元件）置屏上方或中间，经常操作变动的设备（元件）置屏面下方，以便于运行操作及维护，在屏面布置图中所列的设备表中应注明每个设备（元件）的顺序编号、符号、名称、型号、技术参数和数量等。置于屏后的设备（元件）应在设备表备注栏中说明。屏面布置如图1-7所示。

屏面布置图具有以下特点：

（1）屏面布置项目通常用实线绘制的正方形、长方形、圆形等框形符号或简化外形符号表示，个别项目也可采用一般符号。

（2）符号的大小及其间距尽可能按比例绘制，某些较小的符号允许适当放大。

2. 屏背面接线图

屏背面接线图是以屏面布置图为依据，并以展开图为准而绘制的接线图。它标明了屏上各个设备的代表符号、顺序号，以及每个设备引出端子之间的连接情况和设备与端子排之间的连接情况，它是一种指导屏上配线工作的图纸。为了配线方便，在这接线图中，对各设备和端子排一般都增加了一种采用相对编号法的编号，用以说明这些设备相互连接的关系。

屏背面接线图一般又可拆分为屏内设备接线图和端子排安装接线图，前者主要作用是表明屏内各设备（元件）引出端子之间在屏背面的连接情况，以及屏上设备（元件）与端子排的连接情况。后者专门用来表示屏内设备与屏外设备的连接情况。端子排的内侧标注于屏内设备的连线。端子排外侧标注与屏外设备的连线，屏外连接主要是电缆，要标注清楚各条电缆的编号、去向、电缆型号、芯数和截面等，且每一回路都要按等电位的原则分别予以回路编号。

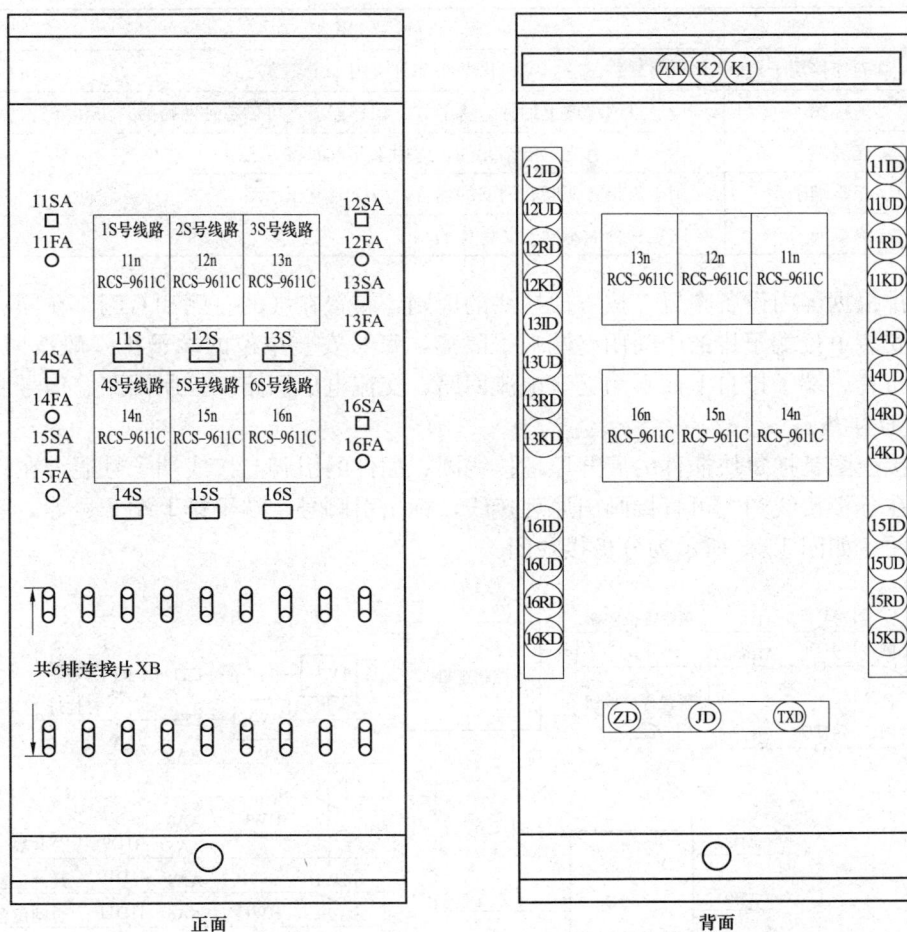

图 1-7 屏面布置图

S—电编码锁；SA—控制开关；ZKK—电压开关；K1、K2—电源开关；XB—连接片；FA—按钮；

11n~16n—线路保护测控装置；ID—电流端子；UD—电压端子；

RD—开入量回路端子；KD—控制回路端子

3. 端子排接线图

端子排接线图从屏背面看是表明屏内设备与屏外设备连接情况，以及屏上需装设的端子类型、数目和排列顺序的图纸。端子排是连接屏内与屏外设备，连接同一屏上属于不同安装单位的电气设备，连接屏顶的小母线和自动空气开关等在屏后安装的设备，它由各种接线端子组成，端子排的种类及用途见表 1-15。

表 1-15　　　　　　　　　　端子排的种类及用途

序号	种 类	用 途
1	一般端子	用于屏内导线连接（或电缆），即供同一回路两端的导线连接
2	试验端子	一般用于交流电流、电压回路，以便接于试验仪器时，TA 不能开路

序号	种 类	用 途
3	试验连接端子	既可提供试验，又可供并头和分头用
4	连接端子	可通过绝缘座上的缺口将上、下相邻连接，可供各种回路的并头和分头。
5	光隔端子	端子上装有光电隔离元件，适用于开入回路
6	保险端子	用于需很方便断开回路的场合，如交流电压回路
7	终端端子	固定和分隔不同安装单位的端子

端子排根据屏内设备布置，按方便接线的原则，布置在屏的左侧和右侧。在同一端子排上，不同安装单位端子排的中间用终端端子隔离，每一安装单位的端子排一般按回路分类，然后集中布置。端子排自上而下为交流电流回路、交流电压回路、控制回路、信号回路等。

4. 分板接线图

分板接线图是把每块插件的展开原理接线图、插件的引脚与接线端子号混合在一起的一种画法。在分板接线图上可直接画出原理接线，标出引脚号、端子排上端子号等，读图和查线极为方便。如图1-8所示为分板接线图。

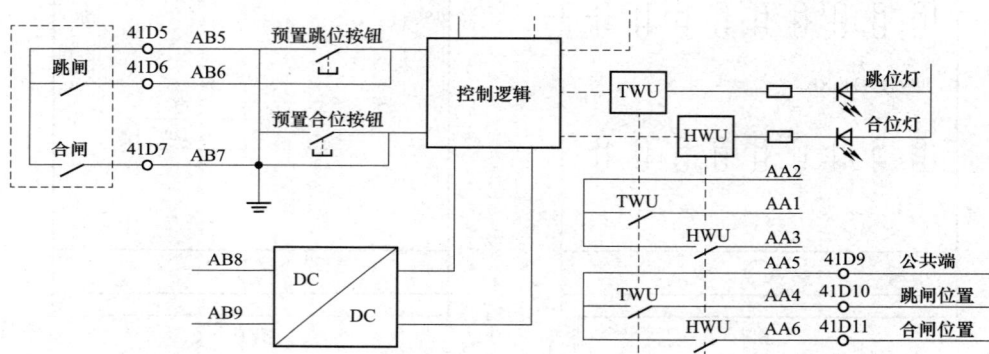

图1-8 分板接线图

第四节 二次回路识图的基本方法

二次回路接线虽然较复杂，但它的逻辑性很强。在设计和绘制二次回路接线时，是按照二次设备的工作原理，遵循一定规律来绘制的。如果能按照以下方法去学习、理解和阅读二次回路接线图，就比较容易掌握。

一、熟悉一次主接线和一次设备功用

二次回路和二次设备是为一次设备服务的。要了解了一次设备，熟悉电网结构及变电站的一次主接线。继电保护是按由断路器分割成的电气单元来配置，相应的控制、测量、监视也是按对应的断路器配置。每一个电气单元都有对应的一套二次回路接线图，一个变电站有多少电气单元就对应有多少套二次回路接线图。

控制回路主要控制对象是断路器，对断路器的结构和工作原理要有一个大概的了解，而对断路器操动机构的原理、结构及接线应有比较深入的了解。因为它是构成二次控制回路接线的组成部分。

变电站 110kV 以上隔离开关、接地开关的分、合闸过程的操作都是电动操作，电机的操作电源有直流的、也有交流的，必须搞清楚其原理，才能了解它的控制回路原理。

二、了解二次设备的工作原理

常用的二次设备有继电保护、自动装置及监控装置。它们的二次回路接线是依照其工作原理绘制的，必须熟悉二次设备的工作原理，才能正确识图。

在了解二次设备的工作原理时，应着重了解正常工作时需接入哪些电气模拟量，是从何处接入的；需接入哪些开关量，是从何处接入的；二次设备之间的联系和输出量是从何处连接的；有哪些输出信号。

三、二次回路接线的识图方法

二次回路接线图种类较多，而且比较复杂。所以，要了解各种图纸的不同用途，掌握其表达的不同意义，按一定顺序识图。在对一次设备和主接线了解的基础上，要了解二次回路总的概况。对变电站一、二次系统有了总体了解后，可按电气设备的单元逐个去看二次回路接线图，例如，主变压器、输电线路、配电线路、电容器等，每个电气单元的二次回路接线都含有原理接线图和安装接线图。

1. 展开式原理接线图的识图方法

展开图是以二次回路设备一个独立电源来划分单元而进行编制的，如交流电流回路、交流电压回路、直流控制回路、继电保护回路、信号回路等，根据这个原则，必须将属于同一设备（元件）的线圈、触点分别划在不同的回路中时采用相同的文字符号。

在展开图中，每个元件、每个支路的作用都标注在右侧的文字框中，看展开图时，一般先看交流回路，再看直流回路，从上至下，从左至右逐行去看，看展开图时，还要了解每个设备的安装位置和地点，不在同一处的设备需要连在一起时，必须通过端子排由控制电缆或多股塑料软铜线相连。

展开式接线图的识图要领：

1）先看一次接线，后看二次接线；

2）先看交流回路，再看直流回路；

3）对各继电器和装置，先找启动线圈，再找相对应触点；

4）对同一回路，由上至下，同一行中由左至右逐个查清；

5）对二次回路故障分析，根据相应信号做出判断分析后，找出故障动作部分。

展开图按供电给二次回路的每一个独立电源来划分单元，一般有交流电流回路、交流电压回路、控制回路及信号回路等。每部分又分为多行，如交流电流回路，按 A、B、C、N 相序分行排列；如控制回路、信号回路等直流回路，按继电器（装置）的动作顺序，各行由上而下排列，各行中各元件的线圈和触点是按实际连接顺序排列而成的。在每一回路的左侧是图，右侧都对应有文字说明（回路名称、用途），便于分析和识图。

各行根据等电位原则进行编号（即回路编号），整个直流回路按元件的动作顺序由上至下逐行排列，从正电源出发经各元件按通过电流的路径自左至右展开，直到负极，再将各行的"正"电源和"负"电源分别连接起来，就构成了展开图。

在图的恰当位置（左侧）画出被保护设备的一次接线示意图并标明二次设备有关的电流互感器的位置。

（1）交流电流回路和交流电压回路。10kV 线路交流电流、电压回路展开式原理图如图 1-9 所示。图中各元件按 A、B、C 相序排成三行，并与实际连接的顺序相符，相互连接处均标注着回路编号。编号为 411 的 TA 保护绕组的保护电流回路，编号为 421 的 TA 测量绕组电流回路串联电能表变为 422 的测量电流回路，编号为 630 的交流电压回路为保护、测量回路，编号为 635 的电能表电压回路。

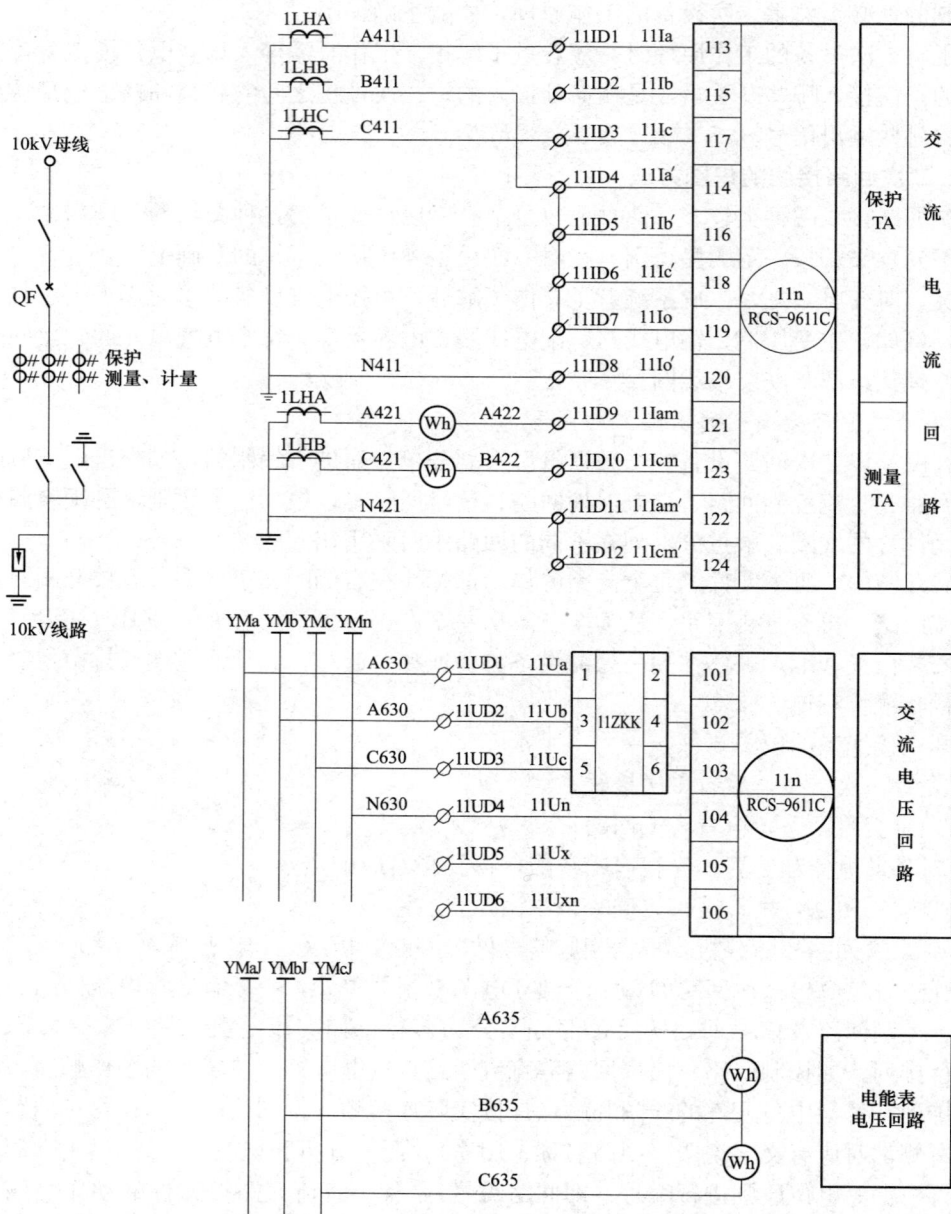

图 1-9　10kV 线路交流电流、电压回路展开式原理图

（2）控制回路和信号回路。图 1-10、图 1-11 是根据图 1-9 所示 10kV 线路保护交流电流、电压回路展开式原理图。

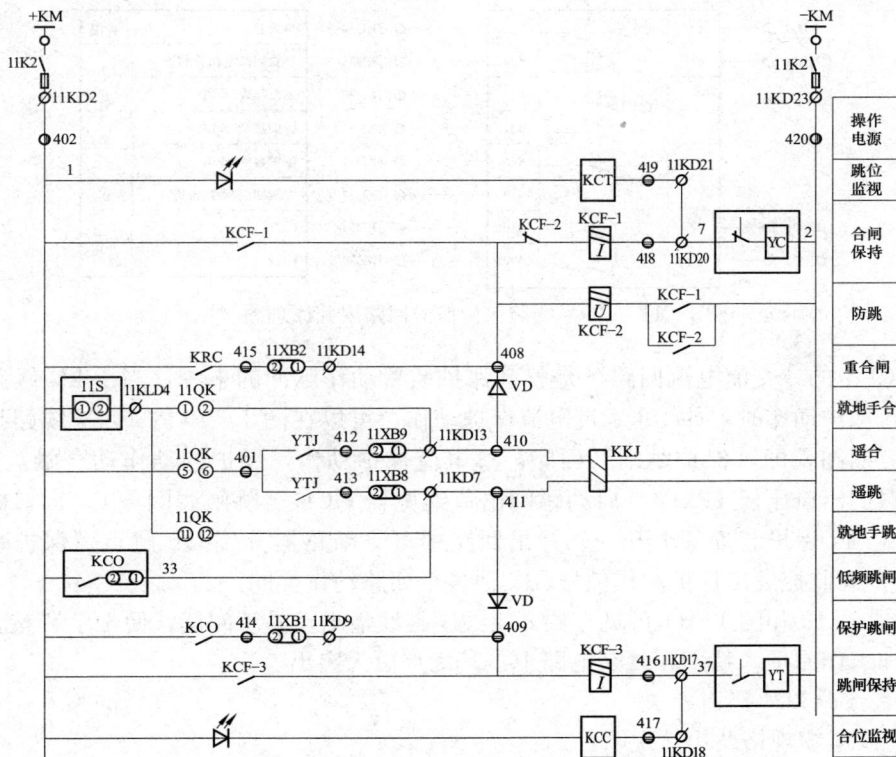

图 1-10　10kV 线路保护控制回路展开原理图

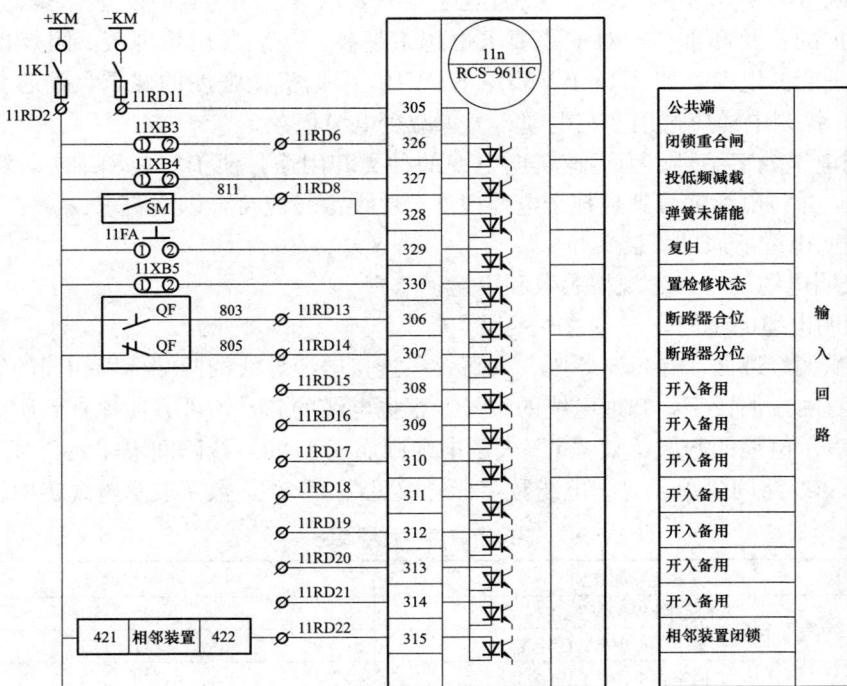

图 1-11　10kV 线路保护信号回路展开原理图（一）

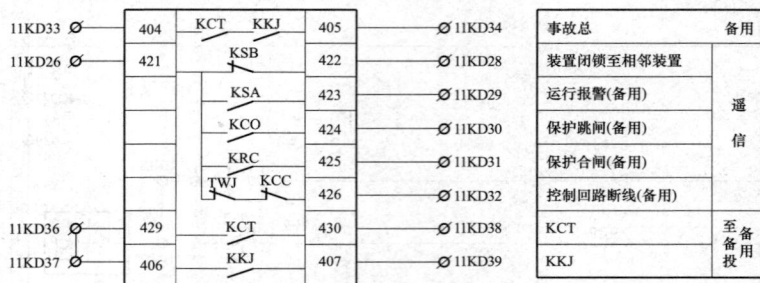

图 1-11　10kV 线路保护信号回路展开原理图（二）

图 1-9 中的"交流电流回路"是整套保护装置动作脉冲的来源，当 10kV 线路中出现任何故障，保护动作时，如 10kV 过电流保护动作，可以在图 1-10 的 10kV 线路控制回路中寻到相应回路，即"保护跳闸"回路，过电流保护动作，保护的动作动合触点 KCO 闭合，经过保护出口压板 11XB1，启动跳闸出口继电器 KCF 至跳闸线圈 YT，出口跳闸。同时，在图 1-11 保护装置各个开入、开出回路中可见断路器分位 QF 触点及保护跳闸触点 KCO 闭合，向监控发出保护动作信号。其他各个回路动作类同。

对比图 1-10 和图 1-11 可见，展开接线图接线清晰，易于阅读，便于了解整套装置的动作程序和工作原理，特别在复杂电路中，其优点更为突出。

2. 安装接线图的识图方法

（1）二次电缆规格及用途说明。

1）控制信号电缆。控制信号电缆可选择聚氯乙烯或聚乙烯绝缘和聚氯乙烯护套铜芯电缆，即 KYV、KVV。其中，K 表示控制电缆，Y 表示聚乙烯绝缘，V 表示聚乙烯或护套。随着计算保护的普及和推广，对电缆要求也越来越高，一般选用带屏蔽、阻燃的聚乙烯绝缘、聚乙烯护套的电缆，如 ZR - KVVP、KVVP。根据机械强度的要求，铜芯截面层不小于 $1.5mm^2$，控制电缆应选用多芯电缆，力求减少电缆根数。

2）控制电缆数字编号。为迅速辨明电缆的种类和用途，便于安装和维护，需对每根电缆进行编号，并将电缆编号牌悬挂于电缆根部，电缆编号应符合以下要求：

a. 能表明电缆所属的安装单位；

b. 能表明电缆的型号、规格芯数和用途；

c. 能表明电缆的走向。

控制电缆编号遵循"穿越"原则，即每一条连接电缆导线的两端标以相同的编号。每根电缆芯都印有阿拉伯数字，知道电缆的编号，根据电缆的芯号，可方便地查到所要对接的回路。首字母表示电缆的归属，如"Y"表示电缆归属于 110kV 线路间隔单元，"E"表示电缆归属于 220kV 线路间隔单元等。电缆数字标号组见图 1-16，数字表示电缆走向。

表 1-16　　　　　　　　　　　电缆数字标号组

序号	电缆起止点	电缆编号
1	主控室到 220kV 配电装置	100 - 110
2	主控室至 6～10kV 配电装置	111 - 115
3	主控室至 35kV 配电装置	116 - 120
4	主控室至 110kV 配电装置	121 - 125
5	主控室至变压器	126 - 129

序号	电缆起止点	电缆编号
6	控制室内各个屏柜联系电缆	130－149
7	35kV 配电装置内联系电缆	160－169
8	其他配电装置内联系电缆	170－179
9	110kV 配电装置内联系电缆	180－189

（2）端子排图的识图。2007 年国网公司新颁布了 Q/GDW 161—2007《线路保护及辅助装置标准化设计规范》、Q/GDW 175—2008《变压器、高压并联电抗器和母线保护及辅助装置标准化设计规范》，对不同厂家的保护屏（柜）规定了端子排的布置原则，原则如下：

1）按照"功能分区，端子分段"的原则，根据屏（柜）端子排功能不同，分段设立端子排；

2）端子按段独立编号，每段应预留备用端子；

3）公共端、同名出口端采用端子连线；

4）交流电压和交流电流采用试验端子；

5）跳闸出口采用红色试验端子，并与直流正电源端子适当隔开；

6）一个端子的每一端只接一根导线，最多接两根导线。

对不同类型的保护装置规定了统一的装置编号和端子编号见表 1－17，不同类型的保护装置用英文字母 n 前缀数字编号，屏（柜）背面端子排的文字符号前缀数字与装置编号中的前缀数字相一致。

表 1－17　　　　　　　　　　　　保护及辅助装置编号原则

序号	装置类型	编号	屏（柜）端子编号
1	线路保护、变压器保护、母线保护、失灵保护	1n	1D
2	断路器保护（带重合闸）	3n	3D
3	操作箱	4n	4D
4	变压器非电量保护	5n	5D
5	交流电压切换箱	7n	7D
6	母联（分段）、断路器保护（不带重合闸）	8n	8D
7	过电压及远方跳闸保护	9n	9D
8	短引线保护	10n	10D
9	远方信号传输装置	11n	11D

保护屏（柜）背面端子排编号原则见表 1－17。在查找某一回路时，要把表 1－17 和表 1－18 合起来读。例如，1UD 就是线路保护的交流电压段端子排，1ID 就是线路保护的交流电流段端子排，以此类推，在此不一一赘述。

表 1－18　　　　　　　　　　　　保护屏（柜）背面端子排设计原则

自上而下依次排列顺序	左侧端子排		右侧端子排	
	名　称	文字符号	名　称	文字符号
1	直流电源	ZD	交流电压	UD
2	强点开入段	QD	交流电流	ID
3	对时段	OD	信号段	XD
4	弱电开入段	RD	遥信段	YD

自上而下依次排列顺序	左侧端子排		右侧端子排	
	名　　称	文字符号	名　　称	文字符号
5	出口段	CD	录波段	LD
6	与保护配合段	PD	网络通信段	TD
7	集中备用段	1BD	交流电源	JD
8			集中备用段	2BD

　　在端子排图中，以简化的端子符号图形来表示，当屏上有不同的安装单位，顶上一格一般会标明安装单位的名称、安装单位的编号和端子排的代号，当屏上只有一个安装单位时，可以将把不同类型的回路分组编排。

　　端子一般分3栏（也可分4栏），装于屏背面的左侧或右侧，各格的含义如（左侧各格顺序为自右至左，右侧各格顺序为自左至右）图1-12所示。

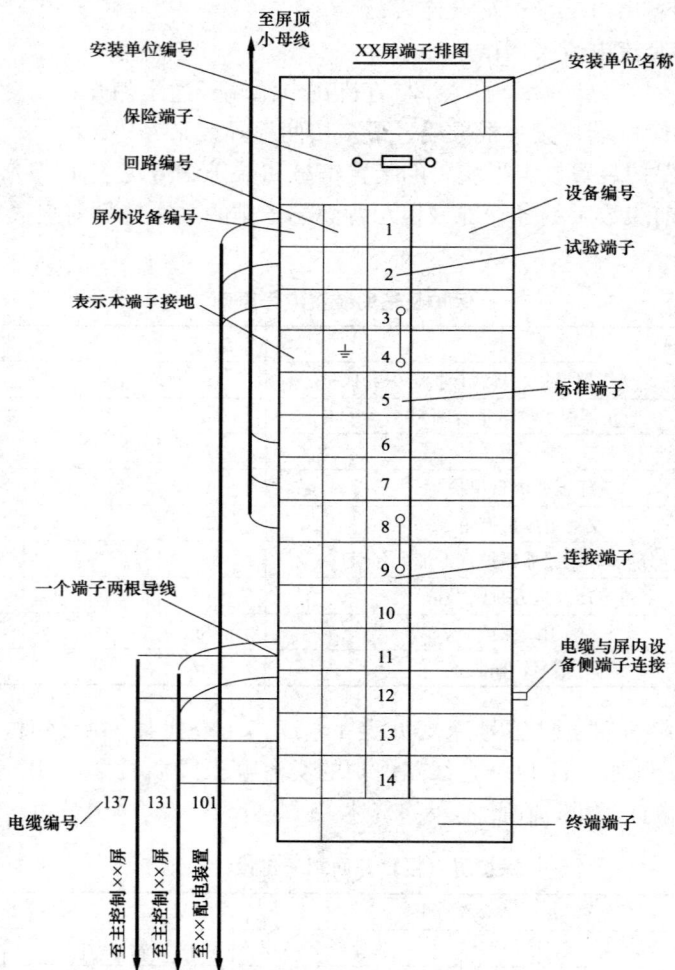

图1-12　端子排图及各格端子含义

　　第1格表示连接屏内设备的文字符号及该设备的接线端子编号。

　　第2格表示接线端子的排列顺序号和端子的类型。

第 3 格表示回路编号。

第 4 格表示控制电缆或导线走向屏外设备或屏顶设备的符号及该设备的接线端子号。

如图 1-13 所示为 10kV 线路保护屏的端子排接线图。端子排接线图实际上为屏背板接线图的一个组成部分，但是增加了引至屏外的连接情况。

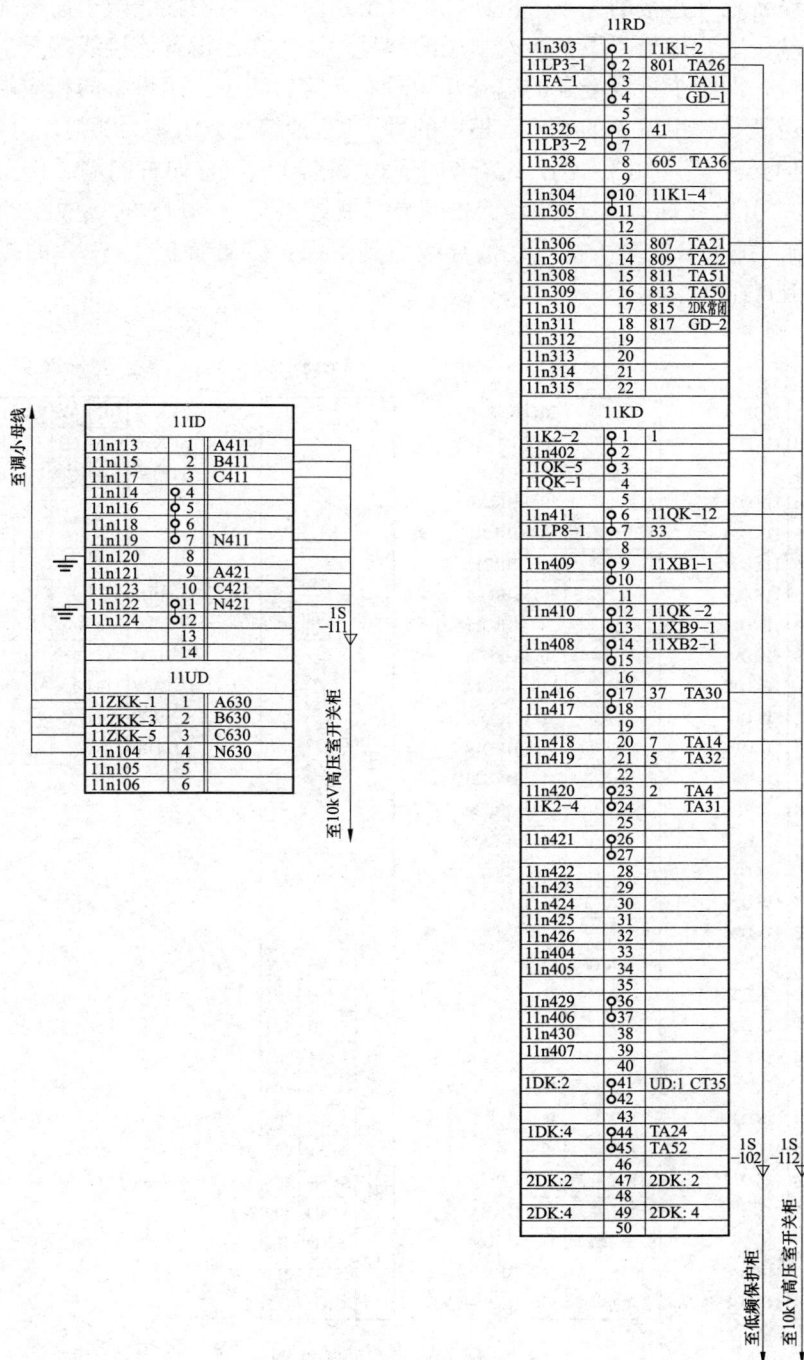

11RD

11n303	○1	11K1-2	
11LP3-1	○2	801	TA26
11FA-1	○3		TA11
	4		GD-1
	5		
11n326	○6	41	
11LP3-2	○7		
11n328	8	605	TA36
	9		
11n304	○10	11K1-4	
11n305	○11		
	12		
11n306	13	807	TA21
11n307	14	809	TA22
11n308	15	811	TA51
11n309	16	813	TA50
11n310	17	815	2DK常闭
11n311	18	817	GD-2
11n312	19		
11n313	20		
11n314	21		
11n315	22		

11KD

11K2-2	○1	1	
11n402	○2		
11QK-5	○3		
11QK-1	4		
	5		
11n411	○6	11QK-12	
11LP8-1	○7	33	
11n409	○9	11XB1-1	
	○10		
	11		
11n410	○12	11QK-2	
	○13	11XB9-1	
11n408	○14	11XB2-1	
	15		
	16		
11n416	○17	37	TA30
11n417	○18		
	19		
11n418	20	7	TA14
11n419	21	5	TA32
	22		
11n420	○23	2	TA4
11K2-4	○24		TA31
	25		
11n421	○26		
	○27		
11n422	28		
11n423	29		
11n424	30		
11n425	31		
11n426	32		
11n404	33		
11n405	34		
	35		
11n429	○36		
11n406	○37		
11n430	38		
11n407	39		
	40		
1DK:2	○41	UD:1 CT35	
	○42		
	43		
1DK:4	○44	TA24	
	○45	TA52	
	46		
2DK:2	47	2DK: 2	
	48		
2DK:4	49	2DK: 4	
	50		

11ID （至调小母线）

11n113	1	A411
11n115	2	B411
11n117	3	C411
11n114	○4	
11n116	○5	
11n118	○6	
11n119	○7	N411
11n120	8	
11n121	9	A421
11n123	10	C421
11n122	○11	N421
11n124	○12	
	13	
	14	

11UD

11ZKK-1	1	A630
11ZKK-3	2	B630
11ZKK-5	3	C630
11n104	4	N630
11n105	5	
11n106	6	

1S-111　至10kV高压室开关柜

1S-102　1S-112　至低频保护柜　至10kV高压室开关柜

图 1-13　10kV 线路保护的端子排接线图

（3）屏内接线图的识图。屏内接线图是以屏面布置为基础，并以原理接线图为依据而绘制的接线图，它表明了屏上各个设备引出端子之间的连接情况，以及设备与端子的连接情况，它是一种指导屏上配线工作的图纸。

为了配线方便，在这种接线图中，对各设备和端子排一般都采用相对编号法进行编号，用以说明这些设备相互连接的关系。例如，如果甲乙两个设备的接线端子需要连接起来，在甲设备的接线端子上，标出乙设备接线端子的编号，同时在乙设备该接线端子上标出甲设备接线端子的编号，即两个接线端子的编号互相对应，这表明甲乙两设备的相应端子应该连接起来，简单地讲就是"甲编乙的号，乙编甲的号"，这种编号方法称为相对编号法。

现在以保护交流电流回路为例，结合图 1-13 和图 1-14，如右侧端子排图 11ID1 端子的内侧接线柱的引出线标有 11n113，保护装置背板接线图 11n113 的接线柱的引出线标有 11ID1，说明端子排 11ID1 端子接线柱的导线引到了保护装置背板 11n113 的接线柱上，其他配线也是相互呼应的。

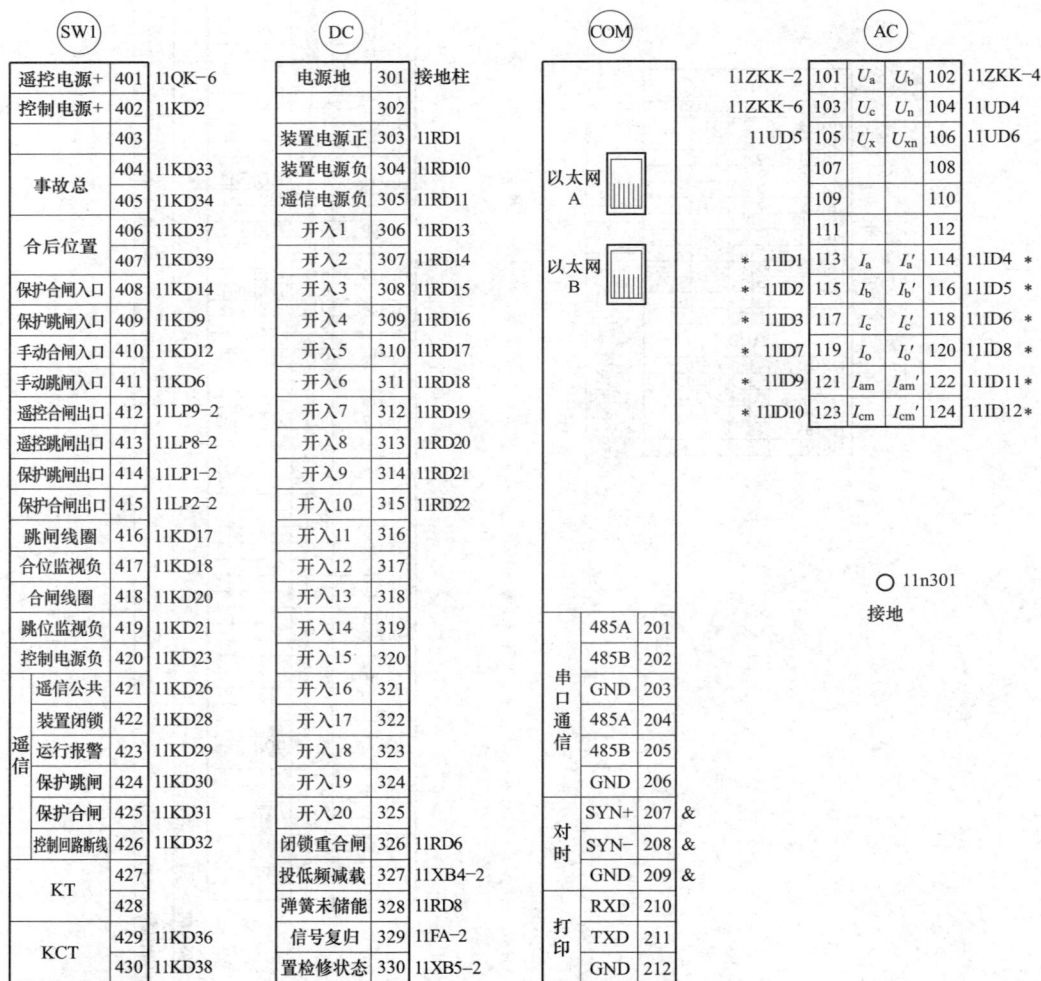

SW1

遥控电源+	401	11QK-6
控制电源+	402	11KD2
	403	
事故总	404	11KD33
事故总	405	11KD34
合后位置	406	11KD37
合后位置	407	11KD39
保护合闸入口	408	11KD14
保护跳闸入口	409	11KD9
手动合闸入口	410	11KD12
手动跳闸入口	411	11KD6
遥控合闸出口	412	11LP9-2
遥控跳闸出口	413	11LP8-2
保护跳闸出口	414	11LP1-2
保护合闸出口	415	11LP2-2
跳闸线圈	416	11KD17
合位监视负	417	11KD18
合闸线圈	418	11KD20
跳位监视负	419	11KD21
控制电源负	420	11KD23
遥信公共	421	11KD26
装置闭锁	422	11KD28
运行报警	423	11KD29
保护跳闸	424	11KD30
保护合闸	425	11KD31
控制回路断线	426	11KD32
KT	427	
KT	428	
KCT	429	11KD36
KCT	430	11KD38

（421~426 左侧标注"遥信"）

DC

电源地	301	接地柱
	302	
装置电源正	303	11RD1
装置电源负	304	11RD10
遥信电源负	305	11RD11
开入1	306	11RD13
开入2	307	11RD14
开入3	308	11RD15
开入4	309	11RD16
开入5	310	11RD17
开入6	311	11RD18
开入7	312	11RD19
开入8	313	11RD20
开入9	314	11RD21
开入10	315	11RD22
开入11	316	
开入12	317	
开入13	318	
开入14	319	
开入15	320	
开入16	321	
开入17	322	
开入18	323	
开入19	324	
开入20	325	
闭锁重合闸	326	11RD6
投低频减载	327	11XB4-2
弹簧未储能	328	11RD8
信号复归	329	11FA-2
置检修状态	330	11XB5-2

COM

以太网 A
以太网 B

串口通信	485A	201
	485B	202
	GND	203
	485A	204
	485B	205
	GND	206
对时	SYN+	207	&
	SYN-	208	&
	GND	209	&
打印	RXD	210	
	TXD	211	
	GND	212	

AC

11ZKK-2	101	U_a	U_b	102	11ZKK-4
11ZKK-6	103	U_c	U_n	104	11UD4
11UD5	105	U_x	U_{xn}	106	11UD6
	107			108	
	109			110	
	111			112	
* 11ID1	113	I_a	I_a'	114	11ID4 *
* 11ID2	115	I_b	I_b'	116	11ID5 *
* 11ID3	117	I_c	I_c'	118	11ID6 *
* 11ID7	119	I_o	I_o'	120	11ID8 *
* 11ID9	121	I_{am}	I_{am}'	122	11ID11 *
* 11ID10	123	I_{cm}	I_{cm}'	124	11ID12 *

○ 11n301 接地

图 1-14　装置背面接线图

思　考　题

1. 什么是二次回路？
2. 二次回路分为哪几类？各起什么作用？
3. 在交流系统中，二次回路的交流电取自哪里？其主要作用是什么？
4. 简述变电站综合自动化系统结构形式。
5. 二次回路的图形符号、文字符号有何作用？
6. 直流回路标号的方法有什么特点？
7. 二次回路的标号原则是什么？
8. 二次回路接线图的形式有哪几种？各有什么特点？
9. 什么是端子排接线图？端子分为哪几种类型？
10. 端子排的排列有何要求？
11. 什么是相对编号法？
12. 电缆编号应该符合什么要求？
13. 展开式接线图的识图要领是什么？

第二章 互感器二次回路

第一节 常规式电流互感器二次回路

互感器有电压互感器和电流互感器两种，其是联络一次系统和二次系统的中间桥梁，可对一次系统进行测量，供给二次系统。本章主要介绍了互感器的常用接线方式及其特点，还介绍了电压互感器二次回路的接地和电压互感器二次电压切换回路，同时还介绍了电子式互感器二次回路。

电流互感器实质上是一种小型的变流器，其一次绕组串接于电力系统的一次回路中，二次绕组与仪表或继电保护或自动装置的电流线圈相串联（即负荷为多个元件时，负荷串联后接入二次绕组）。

一、电流互感器的常用接线方式

所谓的电流互感器的接线方式，就是电流互感器二次绕组与电流继电器连接方式。电流互感器有多种接线方式，以适应二次回路及二次设备对不同电流的要求。目前常见的接线方式有以下 7 种。

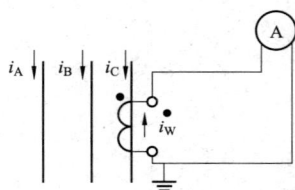

图 2-1 一个电流互感器的
单相式接线

1. 电流互感器的单相式接线

图 2-1 所示为一个电流互感器的单相式接线方式。该电流互感器可以接在任一相上，主要用于测量三相对称负荷的单相电流或者过负荷保护。

2. 电流互感器的不完全星形接线

如图 2-2 所示，两个电流互感器的不完全星形接线方式包含两相两继电器式和两相三继电器式接线方式。两个电流互感器分别装在 A 相和 C 相上。这种接线方式广泛地用于 35kV 及以下的中性点非直接接地系统中，可以测量三相电流、有功功率、无功功率、电能等，能够反映相间故障，由于 B 相没有安装电流互感器，所以不能完全反映接地故障。其中，图 2-2（a）所示的两相两继电器式接线主要用于中性点非直接接地系统的相间短路保护，图 2-2（b）所示的两相三继电器式接线由于在公共线上多装了一个继电器，流入该继电器的电流是其他两相电流的相量和，提高了继电保护装置的灵敏

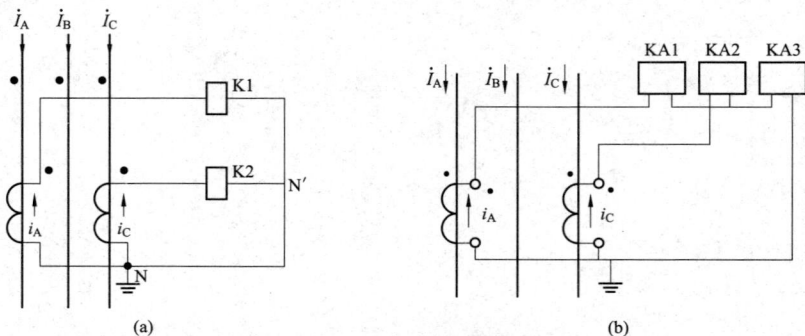

图 2-2 两个电流互感器的不完全星形接线

（a）两相两继电器式接线；（b）两相三继电器式接线

性，因此还可在中性点非直接接地系统中用于变压器的过电流保护。

3. 电流互感器完全星形接线

如图 2-3 所示，三个电流互感器分别装在 A、B、C 相上，互感器和继电器都按星形连接。这种接线方式可以测量三相电流、有功功率、无功功率、电能等，能够反映各种短路故障（三相短路、两相短路、单相接地短路）。在保护回路中，此种接线常用于 110～500kV 中性点直接接地系统的线路电流保护；在中性点不直接接地的系统中，常用于容量较大的发电机和变压器的保护回路。

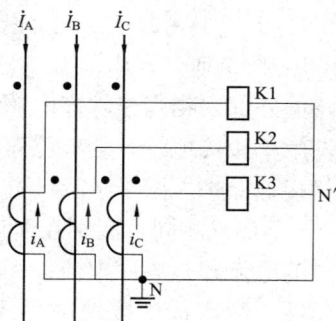

图 2-3　三个电流互感器的完全星形接线

4. 电流互感器的三角形接线

如图 2-4 所示，三个电流互感器分别装在 A、B、C 相上，二次绕组按三角形连接。这种接线很少应用于测量回路，主要应用于三相差动保护回路。这种接线能够克服 Yd11 接线变压器两侧的相位差，在电磁式差动保护中常被采用。

5. 电流互感器的差式接线

如图 2-5 所示，两个电流互感器分别装在 A、C 相上，二次绕组按差式连接，即流入负荷的电流为两相电流之差。这种接线的特点能够反映各相相间短路，但是灵敏度不同，另外比较经济，可靠性差，很少用于测量回路，主要用在电机的短路保护及电容器的横联差动保护中。

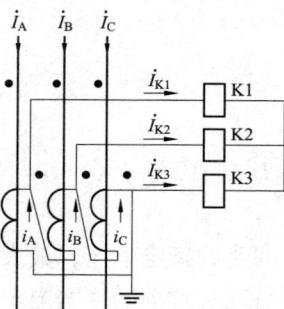

图 2-4　三个电流互感器三角形接线

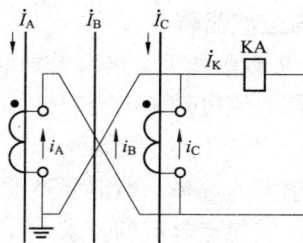

图 2-5　两个电流互感器的差式接线

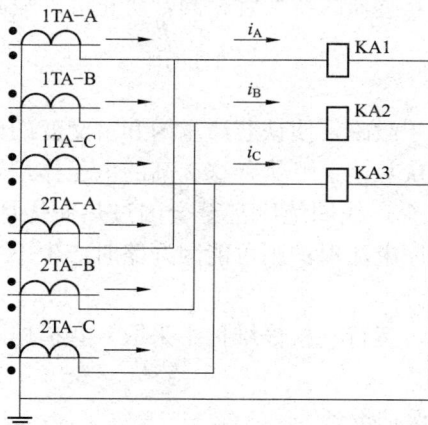

图 2-6　两组电流互感器的和式接线

6. 电流互感器的和式接线

如图 2-6 所示，两组电流互感器分别装在 A、B、C 相上，二次绕组按和式连接，即流入负荷的电流为两组同名电流之和，这种接线主要用于一台半断路器接线、角形接线、桥形接线的测量和差动保护回路。采用该接线方式需要保证电流互感器二次绕组之间各相极性的一致性以及二次绕组与一次绕组极性的一致性，否则，将可能造成计量、测量错误以及带有方向性的继电保护装置的误动或拒动。同时，理论上要求两组电流互感器的变比必须一致。

7. 电流互感器的零序接线

图 2-7 所示，电流互感器的零序接线有三种形式。图 2-7（a）所示的电流互感器套在线路的外部，相当于零序电流滤过器，正常运行时，理论上继电器中是不流过电流的，当系统发生单相接地时，会有零序电流流过继电器。因此该接线方式通常用于小接地电流系统中单相接地保护。图 2-7（b）所示为由三个电流互感器组成的零序接线方式，其原理与图 2-7（a）相同，区别在于该接线方式采用了电流互感器的三相星形接线，在中性点上所流过的电流即是零序电流。图 2-7（c）所示的电流互感器接在变压器中性点引下线上，为变压器中性点直接接地的零序过电流保护和经放电间隙接地的零序过电流保护提供零序电流。

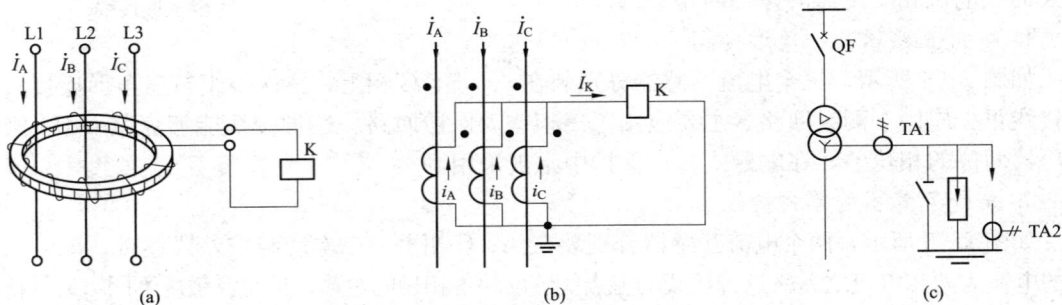

图 2-7　电流互感器的零序接线

（a）一个 TA 的零序接线；（b）三个 TA 组成零序接线；（c）TA 接在变压器中性线接线

二、电流互感器特点

1. 电流互感器二次绕组的额定电流

当一次绕组流过额定电流时，二次绕组的额定相电流为 5、1、0.5A。

2. 电流互感器的选择

电流互感器的选择一般需要遵循的原则：应满足一次回路的额定电压、最大负荷电流及短路时的动、热稳定电流的要求；应满足二次回路测量、自动装置准确度的要求和保护装置 10% 误差的要求；应满足保护装置对暂态特性的要求（如 500kV 保护）；用于变压器差动时，各侧电流互感器的铁芯宜采用相同的铁芯型式。各互感器的特性宜相同，防止区外故障时，各互感器特性不一致产生差流，造成误动。

3. 电流互感器二次侧不允许开路

若电流互感器的二次发生开路，一次电流将全部用于激磁，使铁芯严重饱和。交变的磁通在二次线圈上将感应出很高的电压，其峰值可达几千伏甚至上万伏，这么高的电压作用于二次线圈及二次回路上，将严重威胁人身安全和设备安全，线圈绝缘甚至会因过热而烧坏，保护可能因无电流而不能反映故障，对于差动保护和零序电流保护则可能因开路时产生不平衡电流而误动作。因此，电流互感器在运行中严禁开路。

因电流互感器在运行中严禁开路，故在设计、安装、运行、检修维护中采取一些措施来防范电流互感器二次开路。通常有以下几种防范措施：

（1）电流互感器二次回路不允许装设熔断器等短路保护设备。

（2）电流互感器二次回路一般不进行切换。当必须切换时，应有可靠的防开路措施。

（3）继电保护与测量仪表一般不合用电流互感器。当必须合用时，继电保护装置应该在测量仪表前面，测量仪表要经过中间变流器接入。

（4）对已安装好而不使用的电流互感器必须将其二次绕组的端子短接并接地。

（5）电流互感器二次回路的端子应采用试验端子。

（6）应保证电流互感器二次回路的连接导线有足够的机械强度。

4. 电流互感器二次回路的接地

电流互感器的二次接地属保护接地，目的是为了防止一次和二次间的绝缘损坏击穿，一次侧的高电压窜到二次侧，对人身和设备造成危险，电流互感器的二次侧必须有且只有一个可靠的接地点。由几组电流互感器二次组合的电流回路，如差动保护、各种双断路器主接线的保护电流回路，其接地点宜选在控制室。独立的、与其他互感器二次回路没有电的联系的电流或电压互感器二次回路，可以在控制室内也可以在开关场实现一点接地。电流互感器接地的位置跟微机保护装置有关，有的微机保护厂家装置要求在保护屏接地。但现在一般由于保护装置的抗干扰能力比较强，像南瑞的保护装置，如变压器保护 RCS－978、母差 RCS－915 都在端子箱就地接地，至于其他的保护装置，或者测量装置的电流互感器回路接地都在就地端子箱接地。必须注意的是，电流互感器二次侧只能有一个接地点，因为如果有两点接地，有可能引起分流，使测量仪表的误差增大或者影响继电保护装置的正确动作。

第二节 常规式电压互感器二次回路

电压互感器实质上是一种小型的变压器，其一次绕组以并联形式接入一次回路；仪表或继电保护或自动装置的电流线圈以并联形式接在电压互感器的二次绕组（当负荷为多个元件时，负荷并联后接入二次绕组）。

一、电压互感器的常用接线方式

电压互感器的接线方式根据二次负荷的需要而定。目前常见的接线方式有以下 5 种。

1. 电压互感器的单相式接线

如图 2－8 所示为一个电流互感器的单相式接线方式。图 2－8（a）所示接线用以反映一次系统线电压的接线方式。这种接线方式可应用于单相或者三相系统中，一次绕组可根据需要接任一线电压，但是不能接地，二次绕组应有一端接地，其额定电压为 100V。目前这种方式多用于小接地电流系统判断线路无压或者判断同期。另一种是用来反映系统相电压的接线方式，图 2－8（b）所示电容分压式电压互感器最为典型。在被测装置的相线与地之间接入串联电容，在邻近接地的一个电容器端子上并联一只电压互感器，其二次绕组的额定电压为 $100/\sqrt{3}$ V。这种接线方式主要用于 110kV 及以上的大接地电流系统中，将取自系统中的电压供给同期或无压鉴定重合闸装置以及载波通信、高频保护使用，具有可靠性高、故障概率小、经济性好等优点。

电容式电压互感器实质上是一个单相电容分压器，在被测装置的相和地之间接有电容 C1 和 C2，按反比分压，C2 上的电压为

$$U_{C2} = \frac{U_1 C_1}{C_1 + C_2} = K U_1 \qquad (2-1)$$

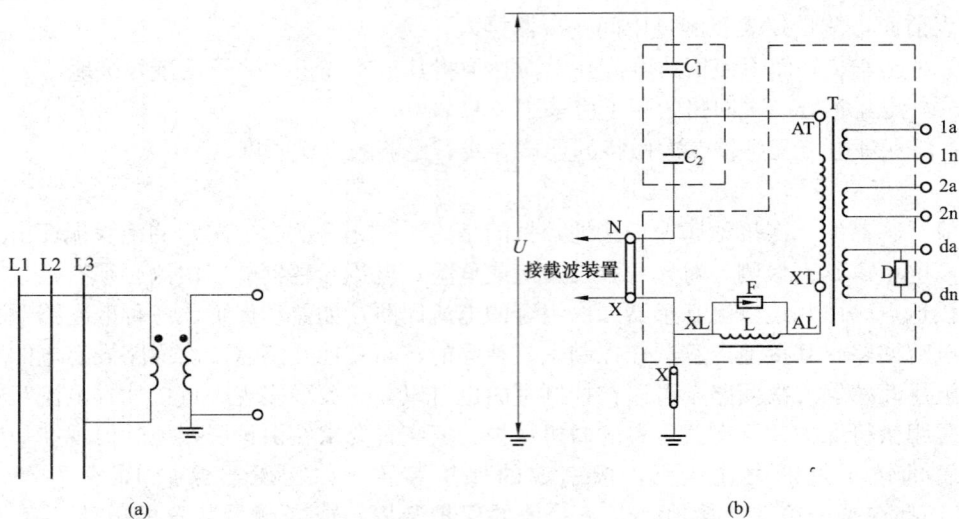

图 2-8　电压互感器的单相式接线
(a) 接在两相上的 TV；(b) 单相电容分压式电压互感器

改变 C_1 和 C_2 的比值，可得到不同的分压比，由于 C_2 上的 U_{C2} 与 U_1 成正比，故测得 U_{C2}，就可以得到 U_1，这就是电容式电压互感器的工作原理。

其中，图 2-8 (b) 中 L 为补偿电抗，可补偿电容分压器的内阻抗；T 为中间变压器，将测量仪表经中间变压器 T 后与分压器连接，减小分压器的输出电流以减少误差；D 为阻尼电阻，TV 二次侧单独设置一只绕组，接入阻尼电阻 D，用以抑制铁磁谐振过电压；C1 为高压电容；C2 为中压电容；F 为保护装置；1a、1n 为主二次 1 号绕组；2a、2n 为主二次 2 号绕组；da、dn 为剩余电压绕组（100V）。

2. 电压互感器的 Vv 接线

两个单相电压互感器组成的 Vv 接线方式如图 2-9 所示。这两个单相电压互感器分别接在电压 U_{AB} 和 U_{BC} 上。采用这种接线方式，互感器一次绕组不能接地，为保证安全，二次绕组要有保护接地，接地点通常选两个绕组的公共点，即 B 相的二次绕组接地。这种接线只能得到线电压和相对系统中性点的相电压，不能得到相对地的相电压。二次绕组额定电压为 100V。

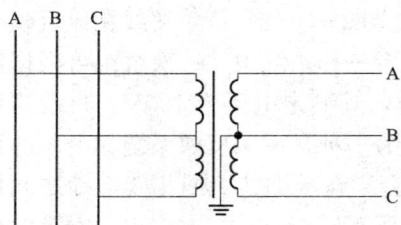

图 2-9　两个单相电压互感器组成的 Vv 接线

这种接线方式适用于小接地电流系统，它的优点是既可以节省一台单相电压互感器，又可以减少系统中的对地励磁电流，避免产生过电压。

3. 电压互感器组成的星形接线

三个单相电压互感器组成的星形接线如图 2-10 所示。一种是中性点接无消谐 TV 的星形接线，如图 2-10 (a) 所示，实际中已很少应用。另一种是中性点接有消谐 TV 的星形接线，如图 2-10 (b) 所示。电压互感器组成的星形接线可以提供相间电压和相对地电压

（相电压）给测量、控制、保护以及自动装置等，其中中性点接有消谐 TV 的星形接线多用于小接地电流系统，电压互感器中性线通过消谐互感器接地，使系统发生接地时电压互感器上承受的电压不超过其正常运行值，起到消谐作用。其中，星形接线二次绕组额定电压为 $100/\sqrt{3}\,\text{V}$，中性点的消谐二次绕组额定电压为 100V。如图 2-10（c）所示为防止铁磁谐振的 4TV 的接线，组成星形的 3 个 TV 的开口三角侧被短接，系统零序电压由第 4 个 TV 的测量线圈来测量，该 TV 的一、二次绕组分别串接在高、低压中性点上。该种电压互感器的作用是当 10kV 系统接地时，发接地信号并起消谐作用。

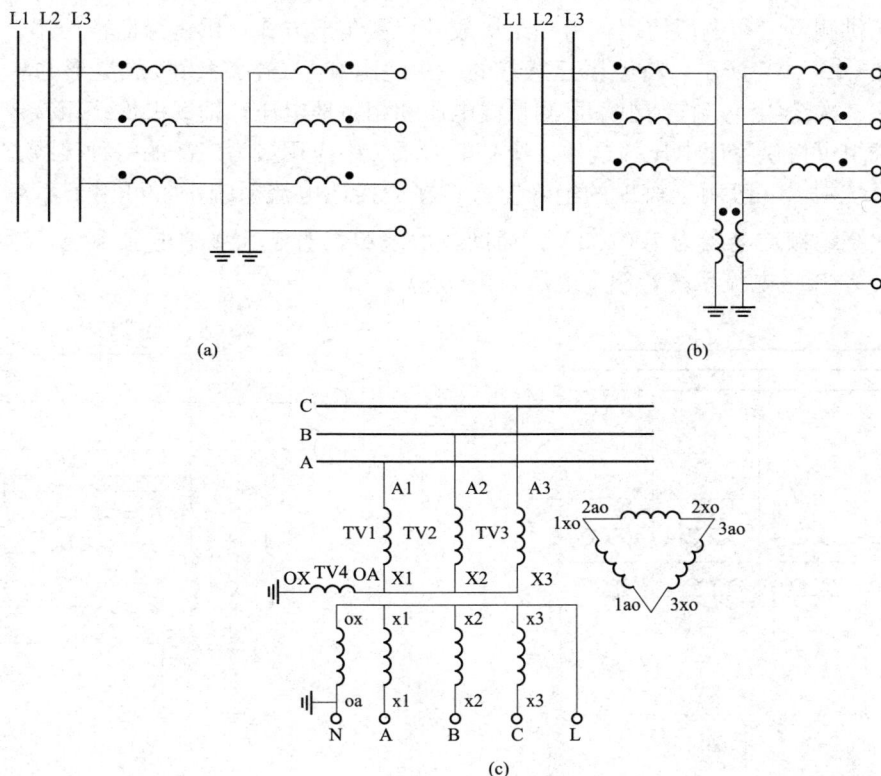

（a）　　　　　　　　　　　（b）

（c）

图 2-10　三个单相电压互感器组成的星形接线

（a）中性点接无消谐 TV 的星形接线；（b）中性点接有消谐 TV 的星形接线；（c）4TV 的接线

4. 三相三柱式电压互感器的星形接线

三相三柱式电压互感器的星形接线方式如图 2-11 所示。这种接线方式可以接入线电压和相电压，一般应用在小接地电流系统中。必须注意，其一次绕组的中性点是不允许接地的，这是因为，如果一次系统出现单相接地，就会引起互感器过热甚至烧毁。二次绕组的额定电压为 $100/\sqrt{3}\,\text{V}$。

图 2-11　三相三柱式电压互感器的星形接线

5. 电压互感器的开口三角形接线

为获得零序电压，将互感器的三相绕组头尾相接，

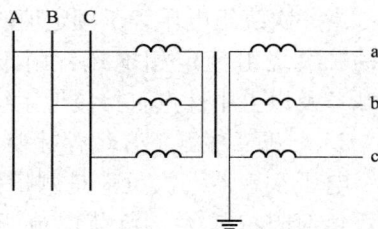

顺极性串联形成开口三角形接线，此时，开口三角形两端子的电压为三相电压的相量和，即 3 倍的零序电压，用以供给二次设备。当三相系统正常工作时，三相电压平衡，开口三角形两端电压为零。当某一相接地时，开口三角形两端出现零序电压，使绝缘监察电压继电器动作，发出信号。

在实际使用中，很少为开口三角形接线而单独配置互感器的，一般都是采用一台三相五柱式电压互感器或者三台双二次绕组的单相电压互感器构成的两个二次电压回路（其中一组接成三相星形，另一组接成开口三角形方式）。

如图 2-12 (a) 所示，采用三台单相电压互感器构成开口三角形接线，其中一组接成三相星形，供测量三相电压使用；另一组接成开口三角形方式，供绝缘监察使用。

如图 2-12 (b) 所示，将电压互感器的一次绕组和主二次绕组接成星形并将中性点接地，其中主二次绕组（工作绕组）可测量线电压和相对地电压；辅助二次绕组接成开口三角形，辅助绕组可提供零序电压。这种接线是电力系统中应用最为广泛的一种接线方式，在小接地电流系统中，一般用于对地的绝缘监察；在大接地电流系统中，可用于不对称接地保护。主二次绕组额定电压为 $100/\sqrt{3}$ V。辅助二次绕组，对于大接地电流系统，额定电压为 100V；对于小接地电流系统，额定电压为 100/3V。

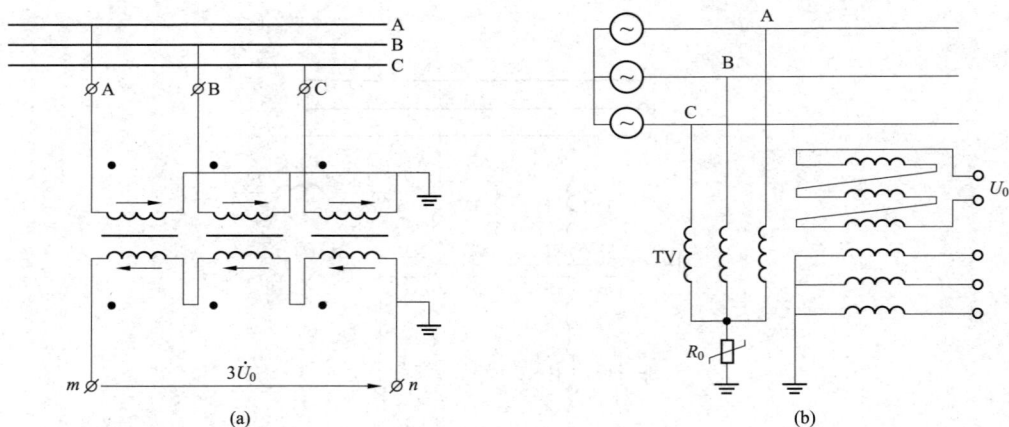

图 2-12　电压互感器的开口三角形接线
(a) 三个单相电压互感器接成开口三角形接线；(b) 三相五柱式电压互感器接成开口三角形接线

二、电压互感器特点

1. 电压互感器二次绕组的额定电压

当一次绕组电压等于额定值时，二次绕组额定线电压为 100V，额定相电压为 100/3V。辅助二次绕组额定相电压：用于 35kV 及以下中性点不直接接地系统为 100/3V；用于 110kV 及以上中性点直接接地系统为 100V。

2. 电压互感器正常运行时近似空载状态

电压互感器二次负荷是测量仪表、继电保护及自动装置的电压线圈，电压线圈导线较细，负荷阻抗较大，负荷电流很小。所以电压互感器正常运行时近似于空载运行的变压器。

3. 电压互感器二次侧不允许短路

由于电压互感器内阻抗很小，若其二次回路短路，会出现危险的过电流，损坏所接二次设备，甚至危及人身安全。

三、电压互感器的配置原则

电压互感器根据安装位置的不同，可以分为线路电压互感器和母线电压互感器，其配置一般遵循以下原则：

（1）对于单母线（或单母线分段）、双母线的主接线，一般在母线上安装多绕组的单相电压互感器，作为保护和测量公用；如有需要，可增加专供计量的电压互感器绕组或安装计量专用的电压互感器组。在线路侧安装单相或两相电压互感器以供同期并联和重合闸判无压、判同期使用。其中，在小接地电流系统，应在线路侧装设两相式电压互感器或装一台电压互感器接线电压。在大接地电流系统中，一般在 A 相安装一只电容分压式电压互感器，以供同期并联和重合闸判无压、判同期使用和载波通信公用。

（2）对于 3/2 形式的主接线，一般在线路（或变压器）侧安装三只电容分压式电压互感器，作为保护、测量和载波通信公用，而在母线上安装单相电压互感器以供同期并联和重合闸判无压、判同期使用。

（3）内桥接线的电压互感器可以安装在线路侧，也可以安装在母线上，一般不同时安装。

四、电压互感器二次回路的接地

电压互感器一次绕组并接在高压系统中的一次回路中，二次绕组并接在二次回路中。当一次高压通过互感器之间的电容耦合到二次时，一次侧的高压会窜到二次侧，危及人身和二次设备的安全。如果有两点接地或多点接地，当系统发生接地故障，地电网各点间有电压差时，将会有电流从两个接地间流过，在电压互感器二次回路产生压降，该压降将使电压互感器二次电压的准确性受到影响，严重时将影响保护装置动作的准确性。因此，出于安全上的考虑，在电压互感器的二次侧必须要有一个可靠的接地点，通常称为安全接地或者保护接地。另外，通过接地，可以给绝缘监视装置提供相电压。目前二次侧的接地方式通常有 b 相接地和中性点接地两种，如图 2-13 所示。

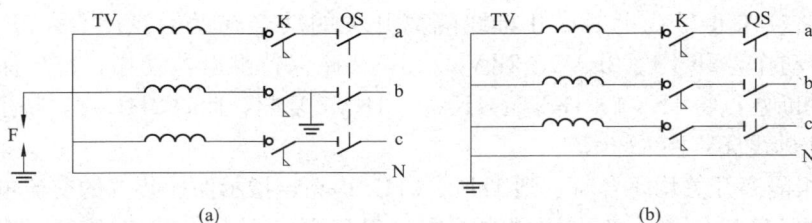

图 2-13 电压互感器二次回路的接地
(a) b 相接地；(b) 中性点接地

35kV 及以下中性点不直接接地系统，一般不装设距离保护，b 相接地对保护影响较小。为简化二次回路，二次绕组一般采用 b 相接地。采用 b 相接地时，中性点不能再直接接地。这种接线方式的二次侧线路或元件接地，则会与接地点形成回路，短路电流会熔断故障相。

电压互感器二次侧线圈不允许短路电流长时间通过，否则会烧坏电压互感器。b 相接地点设在空气开关 K 后，以保证在电压互感器二次侧线路或元件上发生接地故障时，空气开关 K 对 b 相绕组起保护作用，但是一旦空气开关 K 断开后，电压互感器二次绕组将失去安全接地点。为了避免一、二次绕组间绝缘击穿后，一次侧高压窜入二次侧，故在二次侧中性点与地之间装设一个击穿熔断器 F，击穿熔断器实质上是一个放电间隙，当高压窜入二次侧时，间隙击穿接地，变为一个新的接地点。为了防止 TV 停用或者检修时，二次侧向一次侧反馈电压，可以采用如下措施：除接地的 b 相以外，其他各相引出端都由 TV 隔离开关 QS 辅助动合触点控制。这样当电压互感器停电检修时，在断开其隔离开关 QS 的同时，二次回路也自动断开。

110kV 及以上中性点不直接接地系统一般装设距离保护和零序方向保护，电压互感器二次绕组一般采用中性点接地。

按照 GB/T 14285—2006《继电保护和电网安全自动装置技术规程》，一般电压互感器在配电装置端子箱内经端子排接地；为了保证接地可靠，各电压互感器的中性线不得接有可能断开的断路器或者熔断器；对于与其他电压互感器二次回路没有电联系的独立电压互感器，也可在开关场一点接地。

五、电压互感器二次电压切换回路

在电压互感器的二次回路中有两种情况需要进行电压切换：第一种情况是互为备用的电压互感器之间的切换，当两端母线并列运行时，各段母线上的电压互感器就互为备用，用于电压互感器的检修、试验等情况时相互切换使用；第二种情况是在双母线系统中一次回路所在母线变更时，继电保护的电压回路也要进行相应切换，切换回路如图 2 - 14。

1. 电压切换回路

（1）隔离开关提供动合、动断两对辅助触点。

1）当线路接在 I 母线上时，I 母线隔离开关的动合辅助触点闭合，1KV1、1KV2、1KV3 继电器动作，1KV4、1KV5、1KV6、1KV7 磁保持继电器也动作，且自保持。II 母线隔离开关的动断触点将 2KV4、2KV5、2KV6、2KV7 复归，此时 1HL 亮，指示保护装置的交流电压由 I 母线 TV 接入。

2）当线路接在 II 母线上时，II 母线隔离开关的动合辅助触点闭合，2KV1、2KV2、2KV3 继电器动作，2KV4、2KV5、2KV6、2KV7 磁保持继电器动作，且自保持。I 母线隔离开关的动断触点将 1KV4、1KV5、1KV6、1KV7 复归，此时 2HL 亮，指示保护装置的交流电压由 II 母线 TV 接入。

3）当两组隔离开关均闭合时，则 1HL、2HL 均亮，指示保护装置的交流电压由 I、II 母线 TV 提供。若操作箱直流电源消失，则自保持继电器触点状态不变，保护装置不会失压。

（2）隔离开关提供一对动合辅助触点。此时只需将 n208 与 n210 相连，n209 与 n190 相连即可。

2. 部分继电器触点

电压切换回路的部分继电器触点分别送到失灵保护、母差保护及有关信号回路。

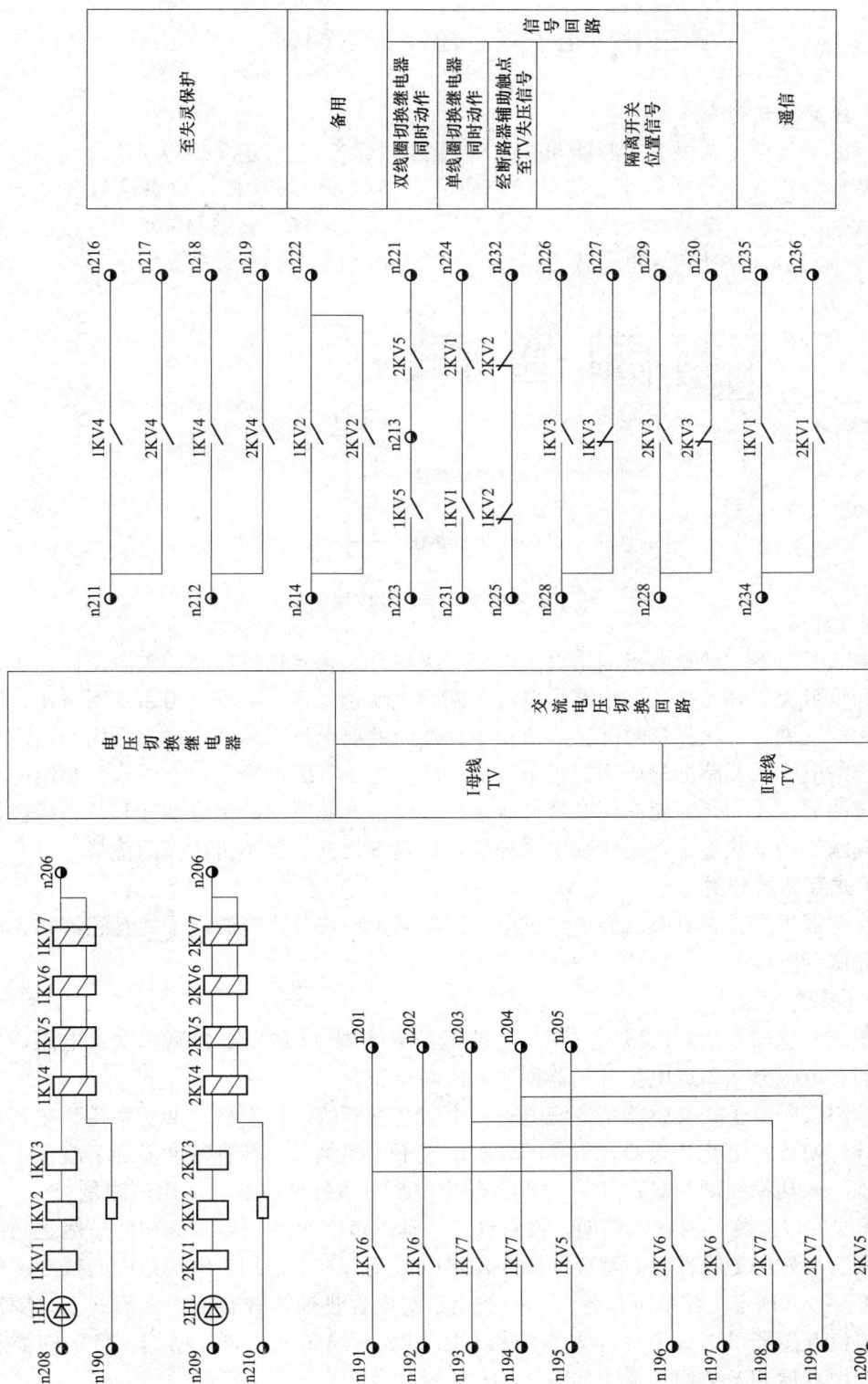

图 2-14 双母线主接线方式保护的电压切换回路图

第三节　电子式互感器二次回路

一、电子式互感器简介

电子式互感器是电子式电流互感器和电压互感器的总称。电子式互感器通常由传感模块和合并单元两部分构成，传感模块又称远端模块，安装在高压一次侧，负责信号传感、采集、调理一次侧电压、电流并转换成数字信号。合并单元安装在二次侧，负责对各相远端模块传来的信号做同步合并处理。电子式互感器的结构及应用框图如图 2-15 所示。

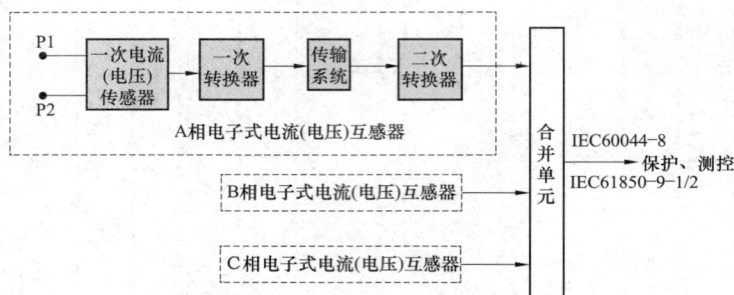

图 2-15　电子式互感器的结构及应用框图

传统电磁式互感器，随着容量的增大和电压等级的升高，其铁磁饱和、铁磁谐振、传输干扰、体积和重量大、开路高压、短路大电流等问题也就越明显。随着电力系统网络化、微机化、智能化的发展，二次设备对互感器负荷驱动能力的要求越来越低，这为采用非铁磁材料、性能优越的电子式互感器的应用提供了可能。随着电压等级的升高，电子式互感器的综合优势越来越明显，尤其是对超高压和特高压系统，电子式互感器的绝缘性能和暂态特性优良，能承受高水平的动热稳定，适应强电磁环境，这是常规互感器不可比拟的优势。

二、电子式互感器分类

电子式互感器根据是否具有需要电源供电的远端采集模块分为有源电子式互感器和无源电子式互感器两种。

1. 有源电子式互感器

有源电子式互感器采用罗氏线圈（RCT）或低功率线圈（LPCT）检测一次大电流，采用电容分压器、电阻分压器或电抗分压器检测一次高电压。

（1）低功率线圈电子式互感器是传统电磁式电流互感器的一种发展。低功率线圈按照高阻抗进行设计，使传统电流互感器在很高的一次电流下出现饱和的基本特性得到了改善，扩大了测量范围。低功率线圈一般在 5%～120% 额定电流下线性度较好，适用于测量。

（2）罗氏线圈以非磁性材料做骨架，没有铁芯，动态范围较好，高压侧与低压侧之间由光纤连接，具有良好的绝缘性能。罗氏线圈在额定电流至二三十倍额定电流范围间线性度较好，但在 5%～20% 额定电流范围误差大，一般用于继电保护通道较合适。在形式上，罗氏线圈电子式电流互感器可以分为独立支撑式和 GIS 用罗氏线圈电子式互感器。罗氏线圈型电子式电流互感器原理及应用示意图如图 2-16 所示。

独立支撑型电子式罗氏线圈电流互感器主要由一次传感器、远端电子模块、光纤绝缘子

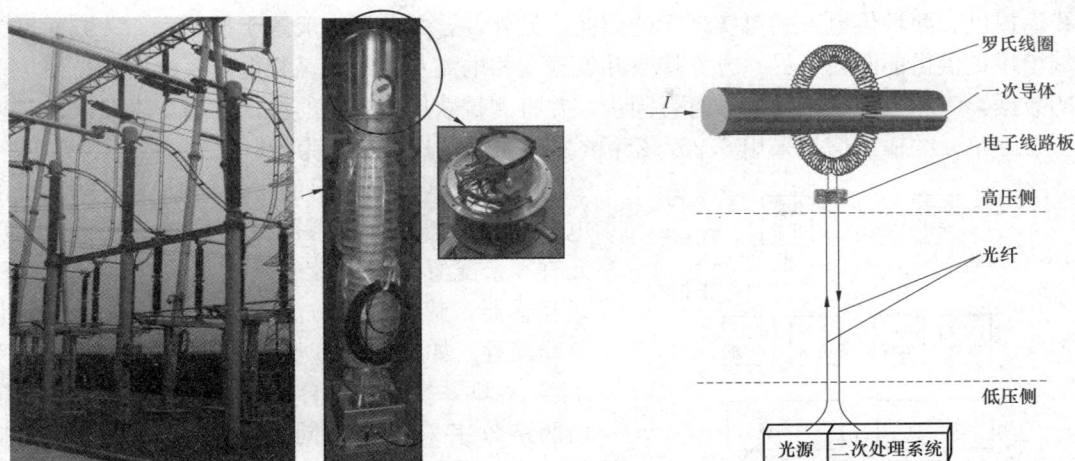

图 2-16　罗氏线圈型电子式电流互感器原理及应用示意图

和合并单元四部分组成，其结构示意图如图 2-17 所示。

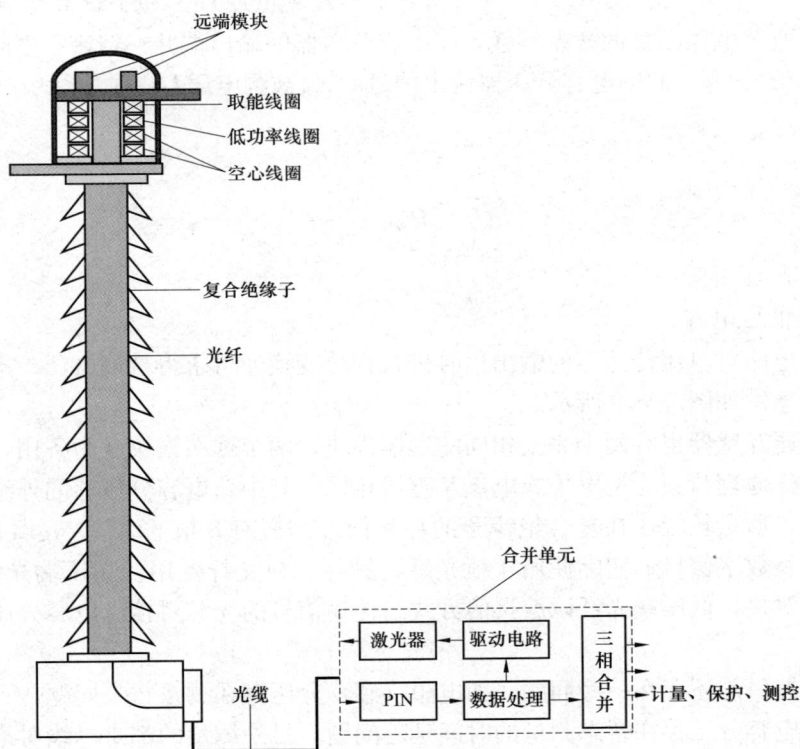

图 2-17　独立支撑型电子式罗氏线圈电流互感器结构示意图

其中，远端电子模块也称一次转换器，位于高压侧。远端电子模块接收并处理低功率电流互感器及空心线圈的输出信号；远端电子模块的输出为串行数字光信号；远端电子模块的工作电源由合并单元内的激光器或高压电流取能线圈提供。当一次电流小于 20A 时，远端模块的工作电源由激光提供；当一次电流大于 20A 时，远端模块的工作电源由高压电流取能线圈提供。两种供电方式可实现无缝切换。另外，合并单元一般置于控制室，一方面可为远端模块提供供能激光，另一方面接收并处理三相电流互感器及三相电压互感器远端模块下发的数据，三相电流、电压信号时行同步，并将测量数据按规定的协议输出，供二次设备使用。合并单元的输出信号采用 6.25/125μm 多模光纤传送，接头为 ST 型。

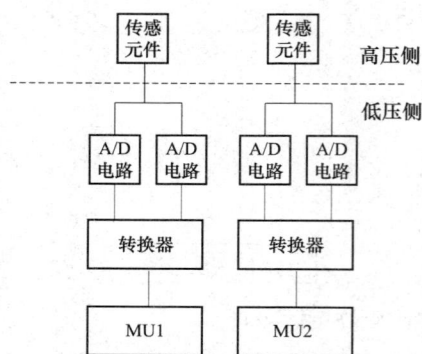

图 2-18 罗氏线圈电子式电流互感器示意图

对于双重化保护用的带两路独立采样系统的电子式互感器，其传感部分、采集单元、合并单元宜冗余配置；对于带一路独立采样系统的电子式互感器，其传感部分、采集单元、合并单元宜单套配置。如图 2-18 所示，每路采样系统应采用双 A/D 系统，接入合并单元，每个合并单元输出两路数字采样值由同一路通道进入一套保护装置。

（3）电压互感器。电子式电压互感器的主要传感方式有电阻（感）分压和电容分压两种方式，均属于电磁测量原理。为了提高电容分压器电压测量的精度，改善电压测量的暂态特性，在电容分压器的输出端并一精密小电阻。叠片电容分压器的输出信号 U_2 和同轴电容分压器输出信号 U_0 与被测电压 U_1 的关系为

$$U_2 = \frac{C_1}{C_1+C_2}U_1$$

$$U_0 = RC_1\frac{\mathrm{d}U_1}{\mathrm{d}t}$$

式中　C_1——高压电容；

　　　C_2——低压电容。

利用电子电路对电压传感器的输出信号进行积分变换便可求得被测电压。电压互感器分压结构原理示意图如图 2-19 所示。

电子式电压互感器也有两个完全相同的远端模块，两个远端模块互为备用，可保证其高可靠性，其工作原理与独立型电子式电流互感器相同。其中，电容分压器的外绝缘采用硅橡胶复合绝缘子，质量较轻，在复合绝缘子的环氧筒外侧嵌有 8 根 62.5/125μm 的多模光纤，用以传输激光及数字信号，实际使用 4 根光纤，另外 4 根光纤备用。高压端光纤接头用 ST 头与远端模块对接，低压端光纤以熔接的方式与传输信号的光缆对接。电容分压器可以兼作载波通信。

电压互感器目前还存在一些问题，如电阻（感）分压存在测量频带问题，不能准确测量非周期分量；电容分压存在暂态测量的时间延迟问题。另外测量的都是母线对地的电压，因此不能明显改变绝缘结构和大幅度降低绝缘成本等。

2. 无源电子式互感器

无源电子式互感器根据法拉第（Faraday）磁光效应和萨格纳克（Sagnac）效应测量电流，采用普克尔斯（Pockels）电光效应测量电压。与有源式电子互感器相比，无源式电子互感器的传感模块利用光学原理，由纯光学器件构成，不含有电子电路，其有着有源式无法比拟的电磁兼容性能。

(a)

(b)

$u_o(t)=RC_1\dfrac{\mathrm{d}u_i}{\mathrm{d}t}$　　$\left(R\ll\dfrac{1}{\omega C_2}\right)$

(c)

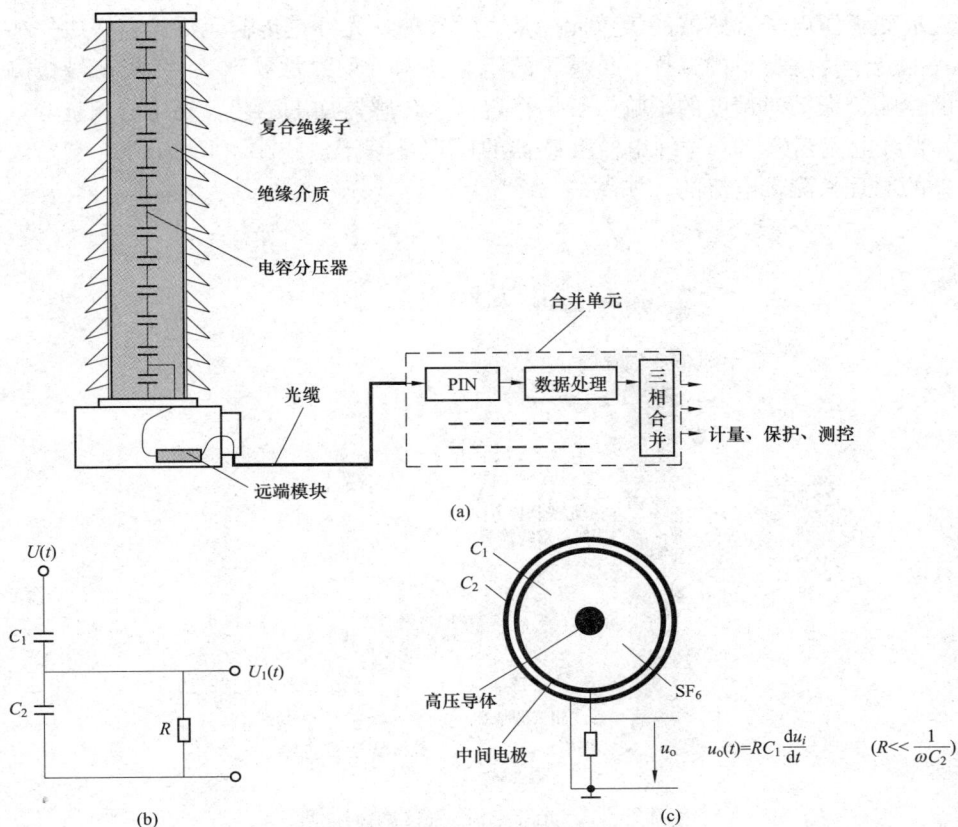

图 2-19　电压互感器分压结构原理示意图

(a) 叠片电容分压结构原理；(b) 同轴电容分压电路；(c) 同轴电容分压结构原理

(1) 磁光电流互感器。法拉第（Faraday）磁光效应指光的偏振面因受到外加磁场的作用而产生旋转的现象。线性偏振光通过置于磁场中的法拉第旋光材料后，如果磁场的方向与光的传播方向平行，则出射线性偏振光与入射线性偏振光的偏振面将产生旋转角。

磁光电流互感器工作原理是基于法拉第（Faraday）磁光效应的，如图 2-20 所示，磁光玻璃电流互感器结构如图 2-21 所示。

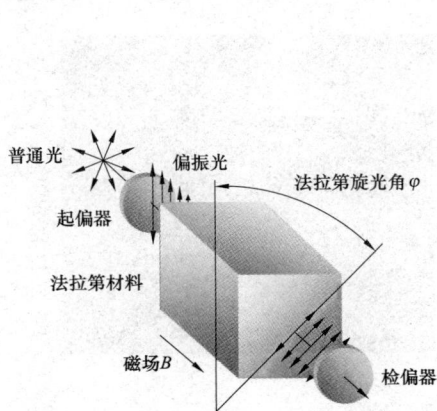

图 2-20　法拉第（Faraday）磁光效应原理示意图

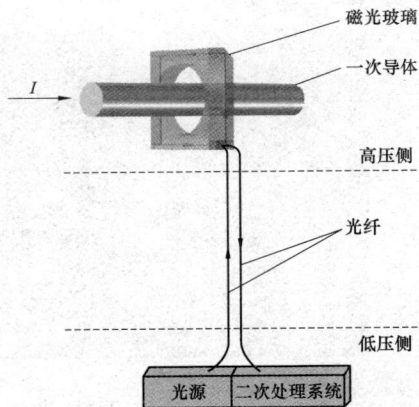

图 2-21　磁光玻璃电流互感器结构

磁光玻璃无源电子互感器的敏感元件是光学玻璃，光纤是传输元件。需解决一些关键技术难点，如光学传感材料的选择、传感头的组装技术（一致性要求）、微弱信号检测、温度对精度的影响、振动对精度的影响、长期稳定性、传感器加工工艺、光角的测量等。

（2）光纤电流互感器。光纤电流互感器的原理是基于法拉第（Faraday）磁光效应和两束光干涉的原理来测量电流的，如图 2-22 所示。

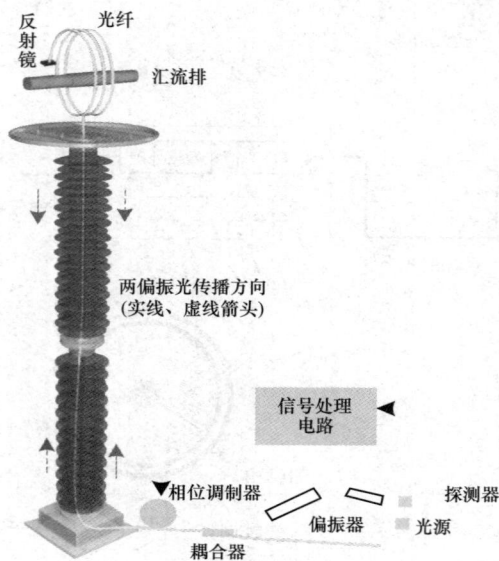

图 2-22　光纤电流互感器结构原理

光源发出的光被分成两束物理性能不同的光，并沿光纤向上传播，在汇流排处，两光波经反射镜的反射并发生交换，最终回到光电探测器处并发生相干叠加。当导体中无电流通过时，两个光波的相对传播速度保持不变，无相位差；当导体中通过电流，在导体周围有磁场干扰时，两束光波的传播速度发生相对变化，即出现相位差，最终表现的是探测器处叠加的光强发生变化，通过测量光强的大小，即可测出对应电流的大小。它由光路及检测电路两部分组成，光路部分采用全光纤结构，检测电路采用全数字闭环检测方案。光线电流互感器安装实物如图 2-23 所示。

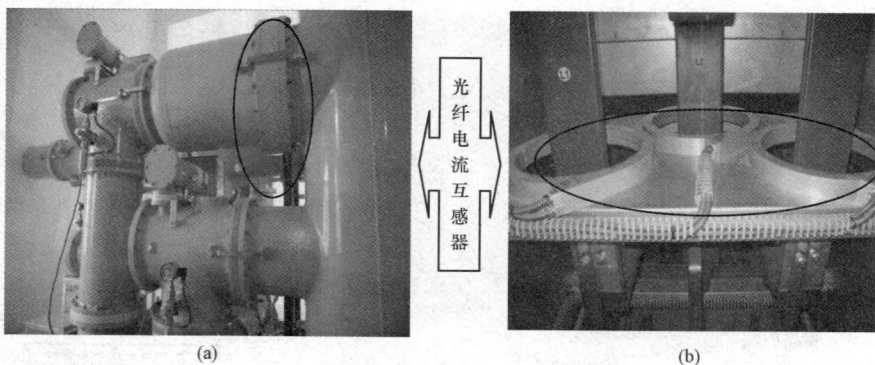

图 2-23　光纤电流互感器安装实物
(a) 110kV GIS 安装方式；(b) 10kV 开关柜安装方式

全光纤电子式电流互感器工作原理是利用法拉第（Faraday）磁光效应，但由于偏振光的偏转角不能被直接测量，因此需要采用检偏器将其转化为光强信号。工程上的实用光路、电路整体方案框图如图 2-24 所示。其中光路部分由光源、耦合器、偏振器、相位调制器、保偏光纤延迟线、λ/4 波片、单模传感光纤环、反射镜和光电探测器组成。电路由前置放大电路、A/D 转换、数字信号处理单元、D/A 转换和显示电路组成。如图 2-25 所示为全光纤电子式电流互感器示意图。

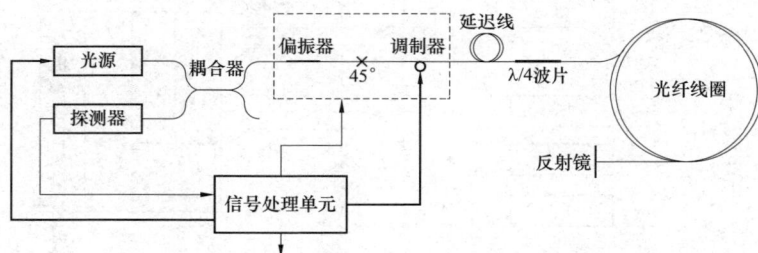

图 2-24 全光纤电子式电流互感器实用光路、电路整体方案框图

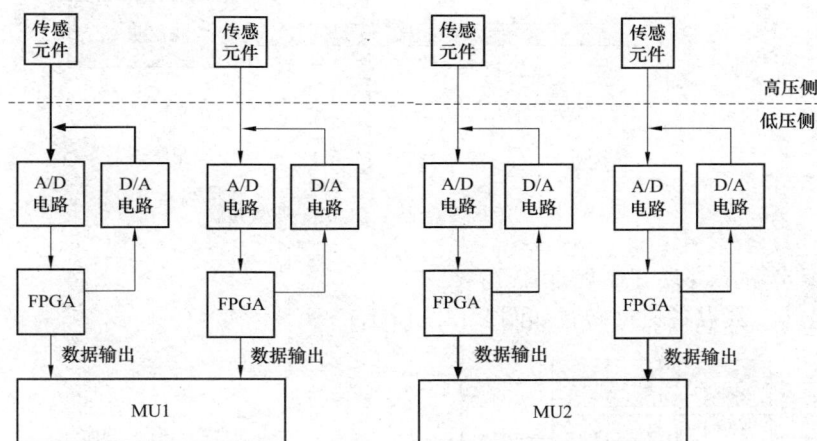

图 2-25 全光纤电子式电流互感器示意图

3. 有源和无源电子式互感器特点

有源电子式互感器的传感器是在常规传感器基础上发展起来的，此类互感器，在其高压部分采用空心线圈或采用新型高饱和电流精密电流互感器，作为一次电流传感器元件，将电流信息经过数字处理器（DSP）或单片机及相关电子线路处理，并换成光信号后，经光纤到低压部分，再经后续处理形成二次输出的模拟或者数字信号。

无源电子式互感器是利用磁/光或电/光效应的光互感器（统称光电互感器）。无源电子互感器在其高压部分，采用光学元件（光纤或者光学玻璃元件）对一次电流传感后，直接将带有一次电流信息的光信号，经光纤传至低压部分，再经过后续处理形成二次输出的模拟或数字信号。

以上两类电子式互感器在工作原理上有根本的区别，无源型电子式互感器在产品制造的技术和工艺方面具有更高的难度。但是，无源型比有源型电子式互感器具有更好的技术性能和优点，其高压部分不需要电子线路，从而具有更加简洁的结构和更可靠的耐冲击电流能力，具有更快的响应速度与更宽的响应带宽，因而在电力系统中具有更广阔的应用背景。

三、传统变电站与智能变电站二次设备典型布置图

1. 传统变电站二次设备典型布置

传统变电站二次设备典型布置如图 2-26 所示。

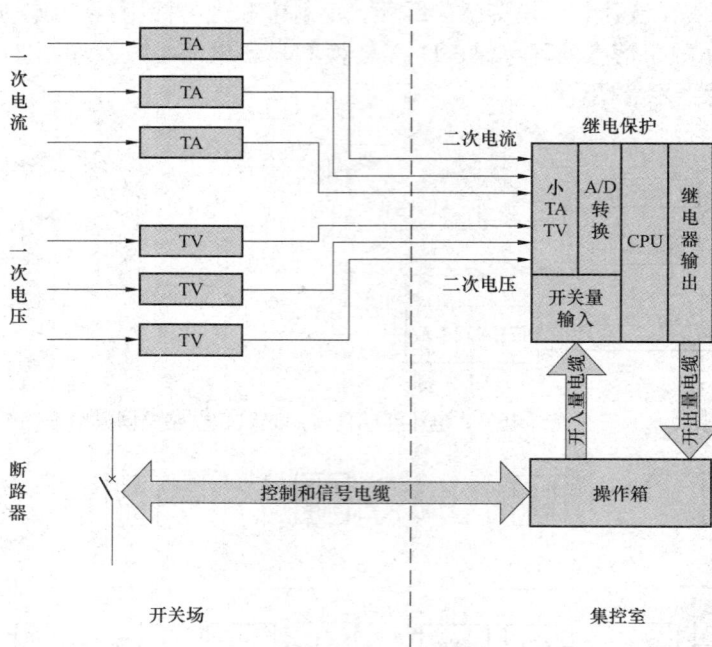

图 2-26　传统变电站二次设备典型布置

2. 智能变电站二次设备典型布置

智能变电站二次设备典型布置如图 2-27 所示。

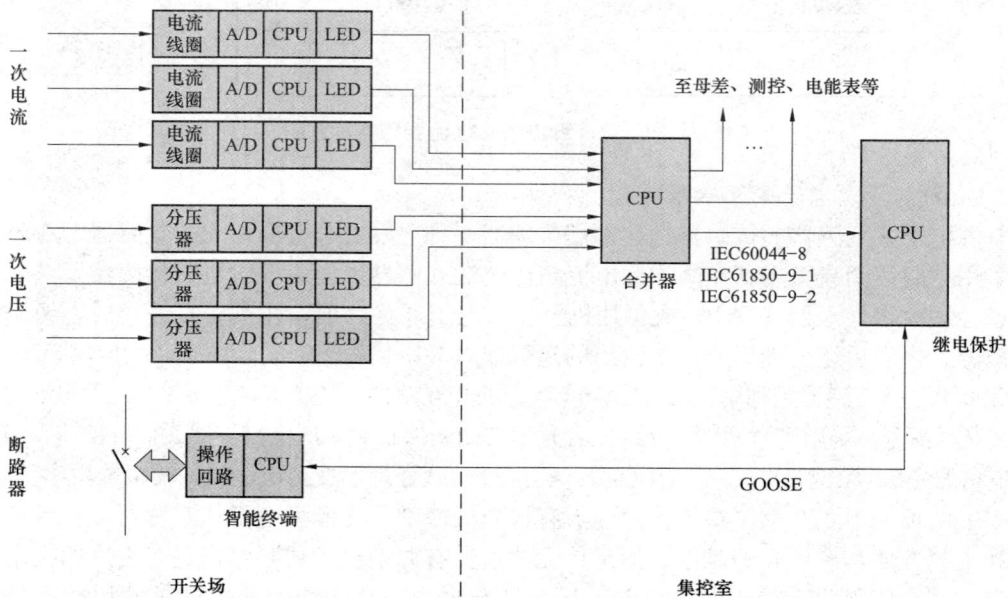

图 2-27　智能变电站二次设备典型布置

思　考　题

1. 互感器可以分为哪几类？
2. 电流互感器的主要作用是什么？它和一次回路如何连接？
3. 电流互感器的常用接线方式有几种？各有什么用途？
4. 与两相两继电器接线方式相比，采用两相三继电器式接线方式有什么优点？
5. 电流互感器二次绕组的额定电流为多少？
6. 为什么电流互感器二次侧不允许开路？
7. 电流互感器二次绕组的分配原则是什么？
8. 为什么电流互感器的二次回路要采用一点接地？
9. 防范电流互感器二次开路的措施有哪些？
10. 电压互感器的主要作用是什么？它和一次回路如何连接？
11. 电压互感器二次绕组的额定电压是多少？
12. 电压互感器的常用接线方式有几种？各有什么用途？
13. 电压互感器二次接地的方式有几种？
14. 运行中的电压互感器二次绕组为什么不能短路？
15. 电压互感器二次电压切换有哪几种情况？各有何特点？
16. 简述电子式互感器的基本结构。
17. 电子式互感器根据是否具有需要电源供电的远端采集模块可分为哪几种？
18. 磁光电流互感器和光纤电流互感器在应用方面还存在哪些不足？
19. 有源电子式互感器和无源电子式互感器各自有何特点？

第三章 高压断路器二次回路

本章以 220kV GL314 型断路器和 CZX－12R 型号操作箱对高压断路器跳、合回路，防跳回路，SF_6 闭锁回路和非全相保护回路就其控制回路实现原理加以介绍。

第一节 断路器控制回路

一、监控系统的操作命令传输路径

命令传输路径如图 3-1 所示。其中：①是通过网络通信模式实现操作命令下发的；②、③是通过二次回路来实现操作命令下发的。

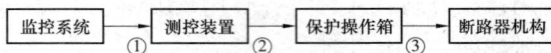

图 3-1 命令传输路径示意图

二、操作箱

保护操作箱以 CZX－12R 型号为例说明，如图 3-2 所示。

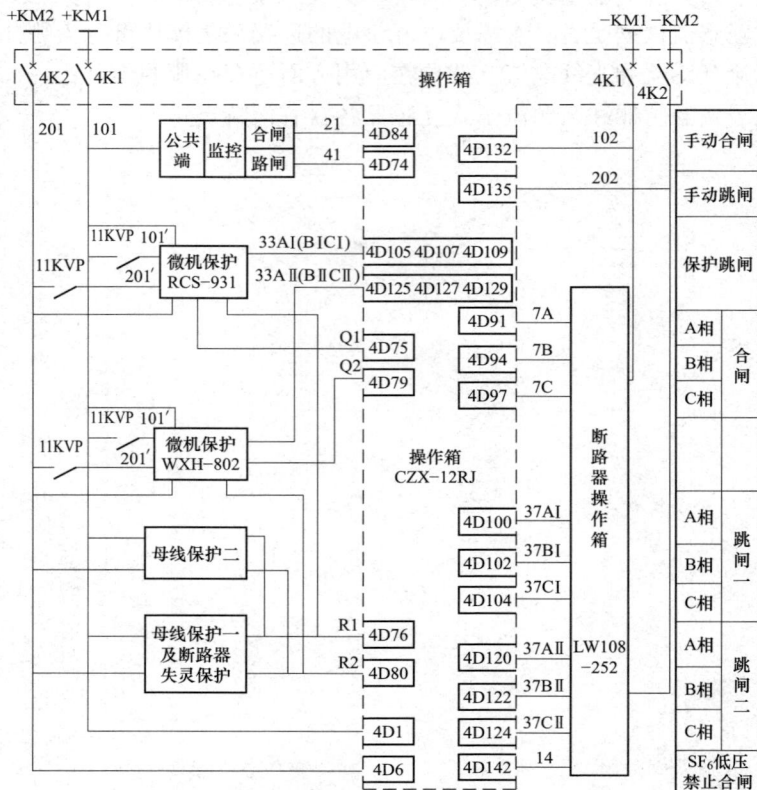

图 3-2 CZX－12R 操作箱

本操作箱含有两组分相跳闸回路，一组分相合闸回路，可与双跳闸线圈断路器配合使用，保护装置和其他有关设备均可通过操作继电器进行分、合操作。4K1、4K2 分别为第一组、第二组控制回路电源，101、102 为第一组控制正电源、负电源回路编号；201、202 为第二组控制正电源、负电源回路编号。7A、7B、7C 为合闸回路编号；37AⅠ、37BⅠ、37CⅠ为第一组跳闸回路标号，37AⅡ、37BⅡ、37CⅡ为第二组跳闸回路标号。

第二节 断路器厂方控制回路图纸

以 220kV GL314 型断路器为例，下面以断路器 SF_6 压力正常，弹簧在储能状态的回路说明介绍。

一、合闸控制回路

GL314 型断路器合闸控制回路如图 3-3 所示。

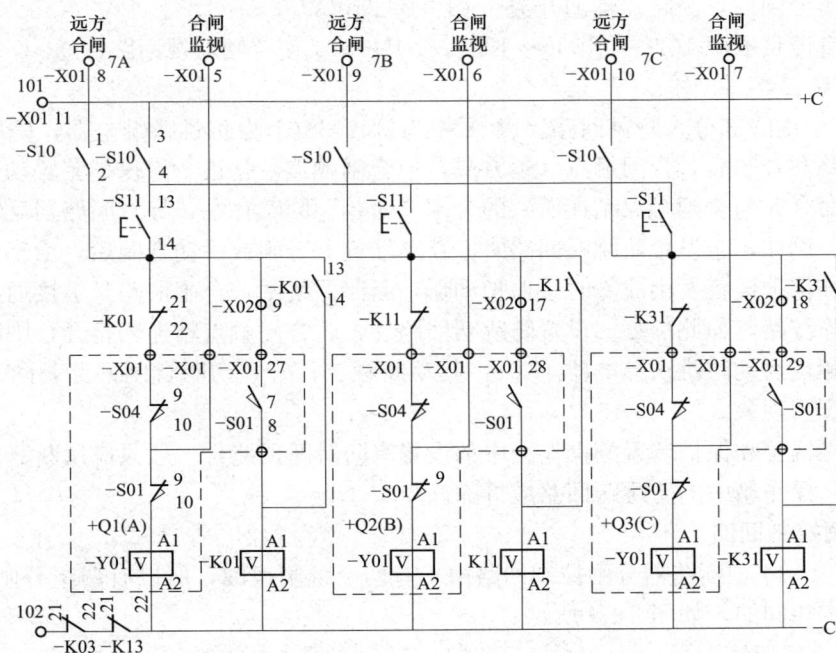

符号	设备名称	符号	设备名称	符号	设备名称
- S01	断路器的辅助开关	- K01	防跳跃继电器	- K03	断路器 SF_6 密度继电器
- S04	断路器的弹簧限位开关	- K11	防跳继电器	- K13	断路器 SF_6 密度继电器
- S10	远方/就地方式选择开关	- K31	防跳继电器	- Y01	断路器的合闸线圈
- S11	就地合闸按钮	—		—	

图 3-3 GL314 型断路器合闸控制回路

1. 就地合闸回路

断路器 SF_6 压力正常，弹簧在储能状态时，断路器 SF_6 密度继电器处于失磁状态，K03、K13 的动断触点（图 3-3-K03-21-22，-K13-21-22）在闭合状态，断路器的弹簧限位开关-S04 的触点 9-10 在闭合状态，图中 101、102 为第一组控制正电源、负电源回路编号。

当断路器就地合闸时，防跳继电器处于失磁状态，即-K01触点21-22接通，断路器辅助开关-S01触点9-10接通，将远方/就地方式选择开关-S10打至就地位置，-S10的3-4触点接通（其他两相的触点也相应接通），按下合闸按钮-S11时，正电源101→-S10→-S11→-K01→S04→S01→-Y01使合闸线圈Y01带电，断路器机械机构合闸。

2. 远方合闸回路

将远方/就地方式选择开关-S10打至远方位置，方式选择开关-S10的1-2触点接通，3-4触点断开（其他两相的触点也相应接通或断开），断路器合闸回路接通。

220kV断路器远方合闸时，合闸脉冲加到断路器三相远方合闸端子（7A、7B、7C）上，以A相为例，7A→-S10→-K01→S04→S01→-Y01使合闸线圈Y01带电，断路器A相合闸。

3. 合闸监视回路

当断路器分闸后，断路器辅助开关-S01的动断触点9-10闭合。

回路：直流负电源102→-K03→-K13→Y01→S01使合闸监视回路接通。

4. 防跳跃回路

图3-3中虚线部分为防跳回路，以A相为例，-K01为防跳跃继电器，防跳跃回路是为了防止断路器合闸后，合闸触点（远方或就地合闸触点）粘连，当保护装置动作时，保护动作跳闸"命令"与合闸触点粘连所致的合闸"命令"同时存在，导致断路器反复跳、合闸的跳跃现象。例如，未设置防跳跃回路时，断路器远方合闸或手动合闸后，由于合闸触点粘连未打开，被保护设备发生故障时，保护动作，断路器跳闸，合闸回路又被接通，断路器再次合闸于故障线路，如此反复。设置防跳跃回路后，若合闸触点粘连未打开，则防跳跃回路通过粘连的触点启动防跳跃继电器-K01，其动断触点打开，切断合闸回路，防止断路器出现反复跳、合闸现象。

断路器机构箱和保护装置的操作箱中都设置有防跳跃回路，一般只应用断路器机构箱的防跳跃回路，操作箱中的防跳跃回路应拆除。

二、分闸控制回路

220kV GL314型断路器分闸控制回路由于有两个跳闸线圈，所以有两组分闸控制回路，其原理是基本相同的，如图3-4所示。

1. 就地分闸回路

将方式选择开关-S10打至就地位置，方式选择开关S10的3~7触点（-S01触点1-2、5-6）接通，21-22，23-24，25-26均断开，此三触点用来闭锁保护分闸回路，按下手动分闸按钮S12，其触点13-14接通，断路器压力正常，开关SF_6低压闭锁继电器-K03失磁，动断触点31-32接通，正电源101→-S10→-K03使断路器分闸继电器-K02线圈带电，回路触点13-14（-K02动合辅助触点，-K02带电闭合）闭合。以A相为例，正电源101→-K02→-S01使线圈Y02（分闸线圈）接通，分闸线圈带电，实现分闸（其他两相与此相同）。

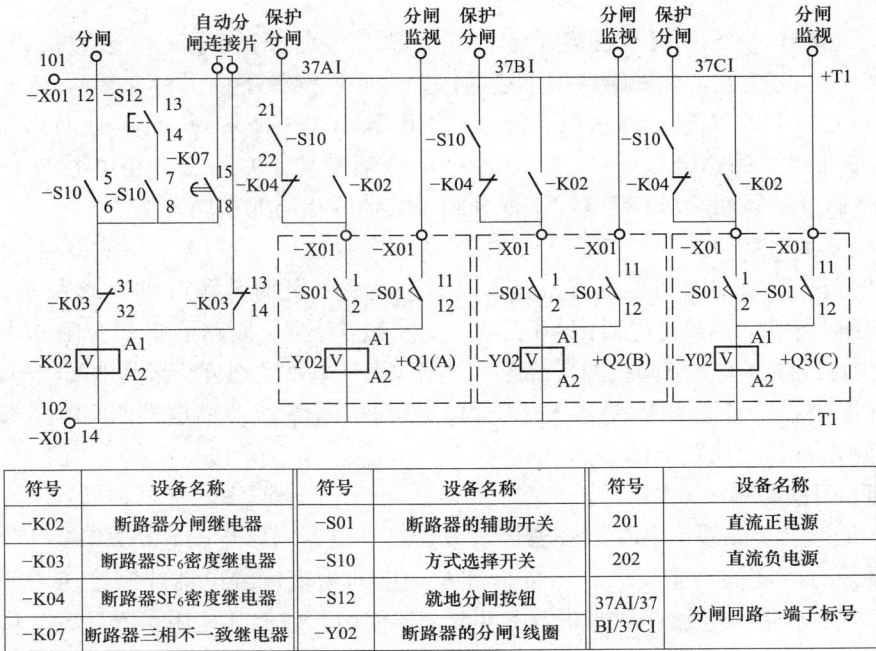

符号	设备名称	符号	设备名称	符号	设备名称
−K02	断路器分闸继电器	−S01	断路器的辅助开关	201	直流正电源
−K03	断路器SF$_6$密度继电器	−S10	方式选择开关	202	直流负电源
−K04	断路器SF$_6$密度继电器	−S12	就地分闸按钮	37AI/37BI/37CI	分闸回路一端子标号
−K07	断路器三相不一致继电器	−Y02	断路器的分闸1线圈		

(a)

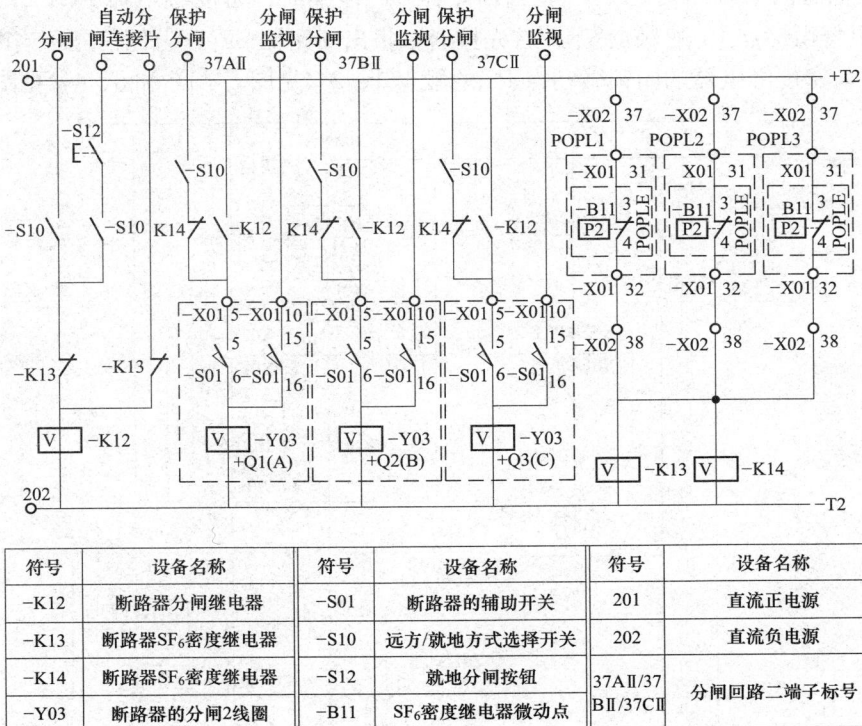

符号	设备名称	符号	设备名称	符号	设备名称
−K12	断路器分闸继电器	−S01	断路器的辅助开关	201	直流正电源
−K13	断路器SF$_6$密度继电器	−S10	远方/就地方式选择开关	202	直流负电源
−K14	断路器SF$_6$密度继电器	−S12	就地分闸按钮	37AII/37BII/37CII	分闸回路二端子标号
−Y03	断路器的分闸2线圈	−B11	SF$_6$密度继电器微动点		

(b)

图 3-4　分闸控制回路

(a) 分闸控制回路（一）；(b) 分闸控制回路（二）

2. 远方分闸回路

将方式选择开关- S10 打至远方位置，方式选择开关- S10 的 5～6 触点接通（21-22，23-24，25-26 均接通，此三触点用来接通保护分闸回路，下面另行介绍），断路器压力正常，密度继电器- K03 失磁，动断触点接通，正电源 101→- S10→- K03 使断路器分闸继电器- K02 线圈带电。回路触点 13-14（- K02 动合辅助触点）闭合，正电源 101→- K02→- S01使断路器分闸线圈- Y02 带电，实现分闸（其他两相与此相同）。

3. 保护分闸回路

将方式选择开关- S10 打至远方位置，以 A 相为例，此时其触点 21-22 接通。

断路器压力正常，密度继电器- K04 失磁，动断触点接通，断路器 A 相分闸 37AI→- S10→- K04→S01 使线圈 Y02（分闸线圈）接通，分闸线圈带电，实现分闸（其他两相与此相同）。

当三相断路器中任一相断路器 SF$_6$ 压力降低时，断路器锁继电器- K04、- K03 励磁，- K04动断触点打开，切断分闸回路。

三、SF$_6$ 闭锁回路

在 SF$_6$ 断路器上装设有 SF$_6$ 气体密度表或密度继电器（POPL1、POPL2、POPL3），一般称带指针及有刻度的为密度表，不带指针及刻度的为密度继电器或密度压力开关；有的 SF$_6$ 气体密度表也带有电触点，即兼做密度继电器使用。他们都是用来测量 SF$_6$ 气体的专用表计。如图 3-4（b）、图 3-6 所示，在断路器的每相上装有密度继电器 POPL1、POPL2、POPL3，它们有两个微开关 P1、P2，当断路器 SF$_6$ 泄漏时，密度继电器 POPL1、POPL2、POPL3 的报警微动点 P1 的触点 5、6 首先接通，报出断路器 SF$_6$ 压力低信号，当断路器 SF$_6$ 继续泄漏时，密度继电器的闭锁微动点 P2 的触点 1、2（见图 3-5）和 3、4（见图 3-4）接

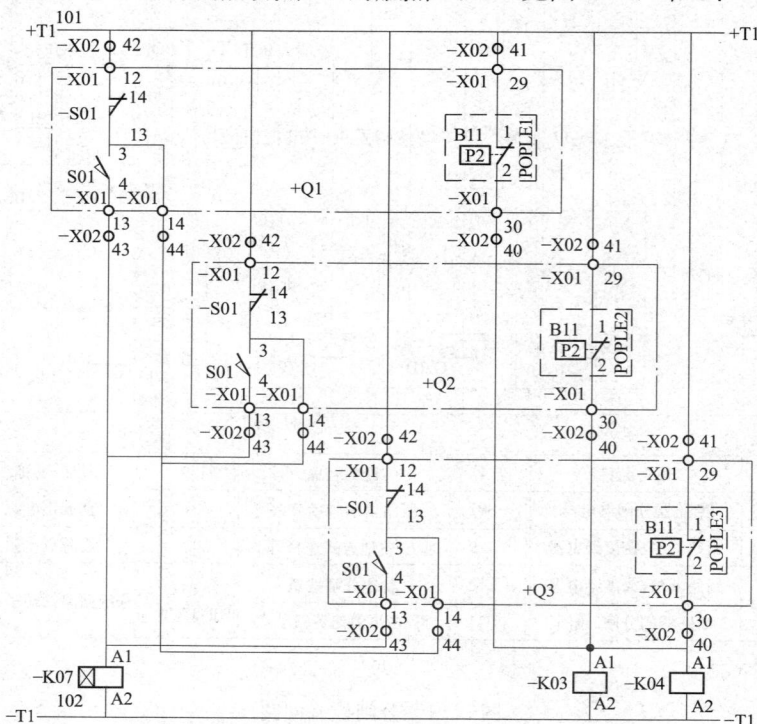

图 3-5 非全相保护回路

通，启动中间继电器-K03、-K04（分闸控制回路一）和-K13、-K14（分闸控制回路二），-K03、-K04的动断触点断开，切断断路器的分闸控制回路一的分闸回路，-K13、-K14的动断触点断开，切断断路器的分闸控制回路二的分闸回路，-K03、-K13用于切断断路器的合闸回路。

四、非全相保护回路

220kV的断路器一般采用分相操作的断路器，为防止因断路器三相位置不一致，导致的断路器误动或拒动事故，一般都配置三相位置不一致保护。

断路器三相位置不一致保护一般分断路器本体三相位置不一致保护和外部配置的保护装置三相位置不一致保护。

断路器本体三相位置不一致保护的接线是将A、B、C三相断路器的动合、动断辅助触点分别并联后再串联，然后启动一个延时时间继电器，当断路器出现三相位置不一致时，经过时间延时，启动出口中间继电器，报出信号或跳开三相断路器。在本模型站中断路器本体三相位置不一致保护只动作于信号而不跳闸。

断路器本体三相位置不一致保护动作时间与保护重合闸时间应配合。如图3-5所示为GL314型断路器操动机构的三相不一致启动回路，当断路器三相都在合闸或都在分闸位置时，断路器非全相继电器-K07线圈失电，其延时闭合触点处于断开状态，在断路器分闸控制回路一中，不启动自动分闸回路。假设三相继电器都在合位，则断路器的辅助开关-S01的动合触点3-4闭合，动断触点13-14断开。此时若A相断路器跳闸，则A相断路器辅助开关-S01的动合触点3-4断开，动断触点13-14闭合。

回路：直流正电源101回路通过触点13-14（A相断路器辅助开关-S01的动断触点）、触点3-4（B、C相断路器辅助开关-S01的动合触点），使非全相延时继电器-K07的线圈—直流负电源102接通，启动断路器非全相跳闸时间继电器-K07，由时间继电器-K07报出信号。

B相或C相原理同A相信号报出一样，不再赘述。

五、信号回路

断路器部分所报信号有"断路器SF$_6$压力低""断路器弹簧未储能""集中控制箱电源故障""断路器就地操作""断路器合闸位置""断路器跳闸位置"信号。断路器SF$_6$压力低和弹簧未储能报警回路如图3-6所示。

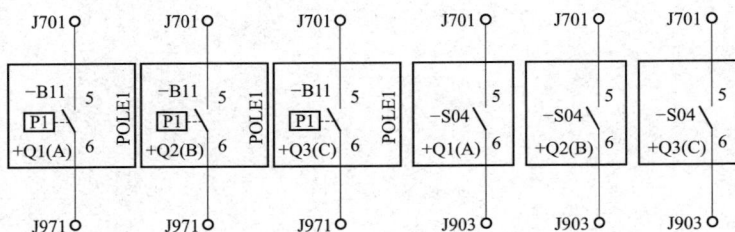

图3-6　断路器SF$_6$压力低和弹簧未储能报警回路

"断路器SF$_6$压力低"信号回路标号为J971，由断路器密度继电器POPL1、POPL2、POPL3报警微动点P1的5-6触点报出（断路器的三相"断路器SF$_6$压力低"信号线连接在一起），断路器"弹簧未储能"信号标号为J903，当断路器弹簧未储能到位时，限位开关

"-S04"触点5-6闭合，报出"弹簧未储能"信号。

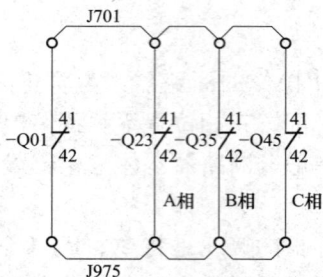

断路器位置信号，照明及加热回路报警信号，断路器远方、就地信号如图3-7～图3-9所示。

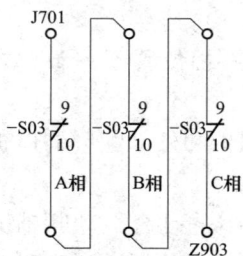

图3-7　断路器位置信号　　　　图3-8　照明及加热回路报警信号　　图3-9　断路器远方、就地信号

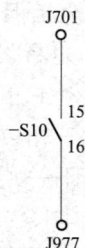

思　考　题

1. 断路器防跳跃回路在实现过程中存在什么隐患？
2. 如果断路器机构无合闸监视回路，二次回路KCT监视回路存在什么变化？
3. 两组分闸回路中如果两组直流电源混用会有什么后果？
4. 非全相继电器动作时间在整定时应考虑哪些因素？
5. 十八项反事故措施中对直接跳闸的继电器的动作特性有何要求？

第四章 主变压器相关的二次回路

目前，电力系统中运行的变压器主要冷却方式有强油循环方式和自冷方式。本章中我们主要以变压器的电量保护、冷却器控制回路、有载调压控制回路和非电量二次回路加以介绍。

第一节 变压器电量保护

变压器差动保护是利用比较变压器各侧电流差值构成的一种保护，主要用来反映变压器绕组、套管及其引出线上的相间短路，同时也反映变压器内部绕组匝间短路及中性点直接接地系统侧绕组、套管、引出线的单相接地短路。

以 220kV 三绕组变压器，220kV 侧为双母接线，110kV 侧为双母接线，10kV 侧为单母分段接线为例介绍。

一、变压器保护的电流回路

如图 4-1 所示为变压器电流互感器配置图，220kV 变压器保护为双套配置，其中高压

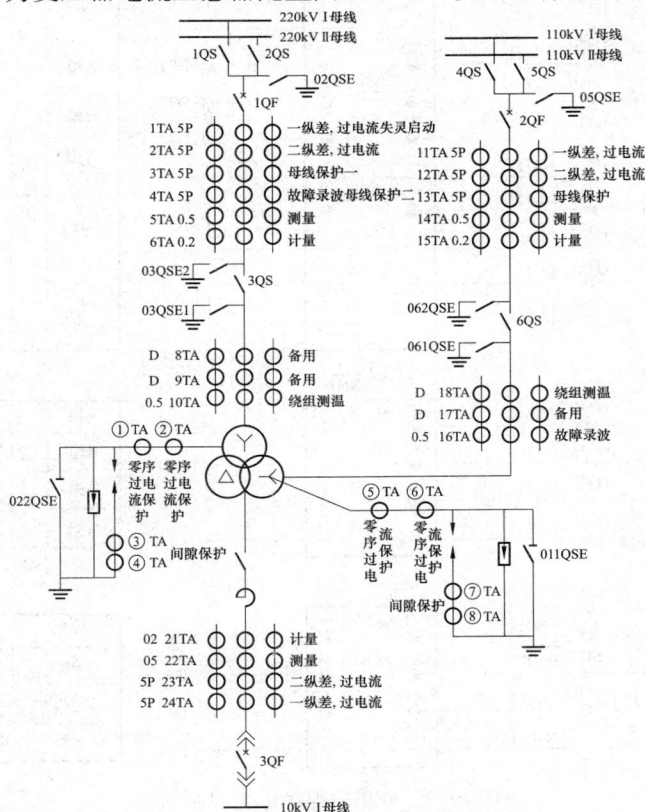

图 4-1 变压器电流互感器配置图

侧 1TA，中压侧 11TA，低压侧 24TA，其电流回路将变压器保护的三侧电流引入保护装置，220kV、110kV 中性点电流互感器①TA、⑤TA 分别接入至变压器保护装置的零序电流回路，220kV、110kV 中性点放电间隙电流互感器③TA、⑦TA 分别接入至变压器保护装置的间隙电流回路。

变压器保护电流回路如图 4-2 所示。其中，A4011、B4011、C4011、N4011 为高压侧 1TA 的电流回路编号，A4111、B4111、C4111、N4111 为中压侧 11TA 的电流回路编号，A4241、B4241、C4241、N4241 为低压侧 24TA 的电流回路编号，LL411、LL412 为 220kV 中性点电流互感器电流回路编号，LL431、LL432 为 220kV 中性点放电间隙电流互感器电流回路编号，LL451、LL452 为 110kV 中性点电流互感器电流回路编号，LL471、LL472 为 110kV 中性点放电间隙电流互感器电流回路编号。

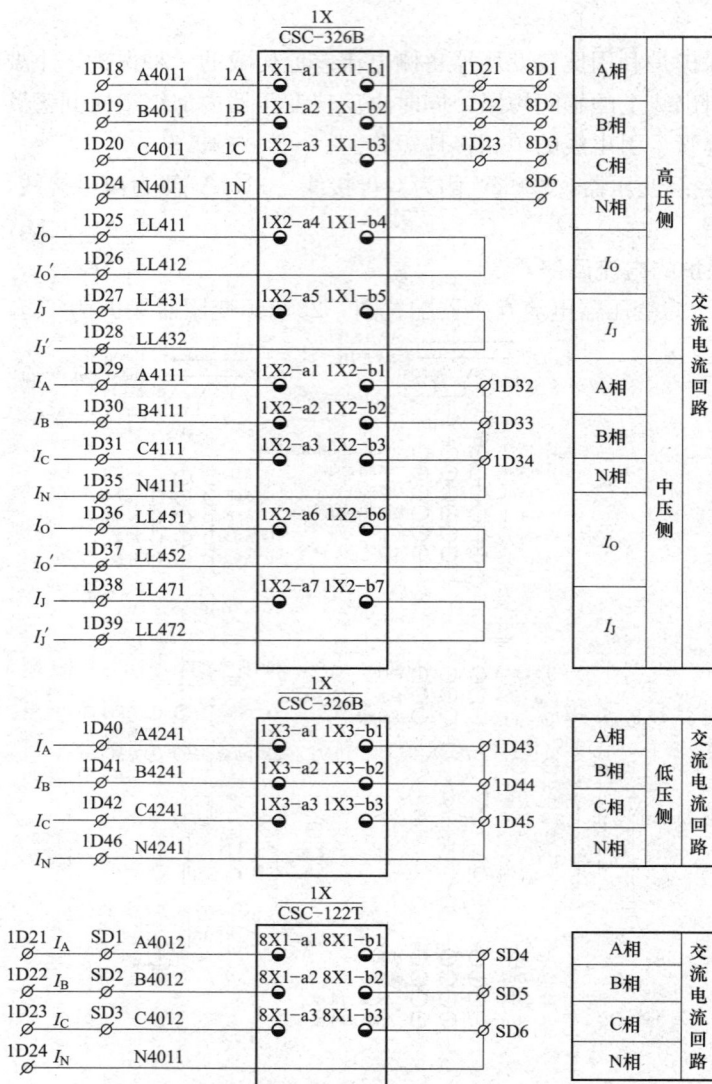

图 4-2 变压器保护电流回路图

二、变压器保护的电压回路

　　如图 4-3 所示为变压器保护的交流电压回路,需要注意的是,在这里不再介绍电压回路的切换回路,直接介绍切换后的电压接入保护装置。其中 A720BI、B720BI、C720BI、L720 为主变压器高压侧三相电压和零序电压,A710BI、B710BI、C710BI、L70 为主变压器中压侧三相电压和零序电压,A630BI、B630BI、C630BI 为主变压器低压侧三相电压。

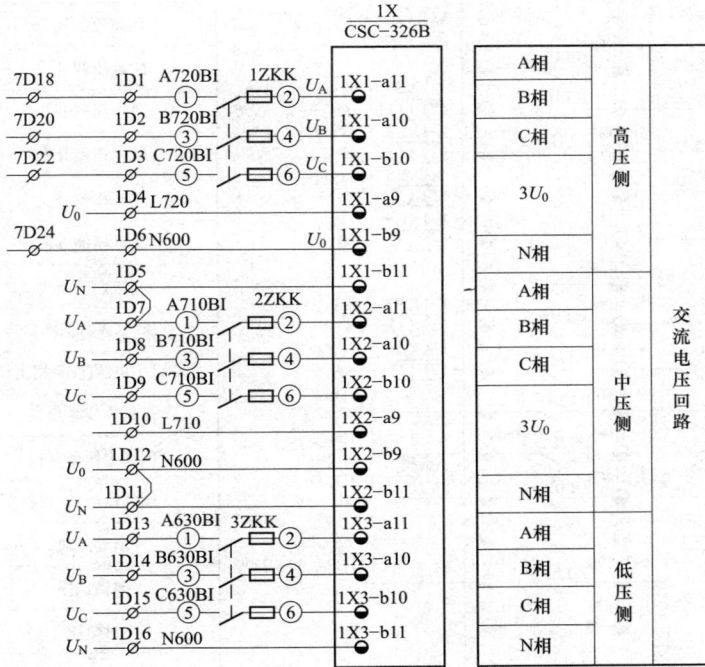

图 4-3　变压器保护的交流电压回路

三、变压器保护的出口回路

　　变压器保护的出口回路如图 4-4 所示,变压器电量保护动作根据其不同功能要分别动作与主变压器高压侧断路器、中压侧断路器、低压侧断路器、高压侧母联(桥)断路器、中压侧母联(分段)断路器、低压侧分段断路器。其中 1-1D55、1-1D84 为主变压器跳高压侧断路器出口端子,1-1D56、1-1D85 为主变压器跳高压侧母联(桥)断路器出口端子,1-1D57、1-1D86 为主变压器跳中压侧断路器出口端子,1-1D58、1-1D87 为主变压器跳高压侧母联(分段)断路器出口端子,1-1D59、1-1D88 为主变压器跳低压侧断路器出口端子,1-1D60、1-1D89 为主变压器跳低压侧(分段)断路器出口端子。

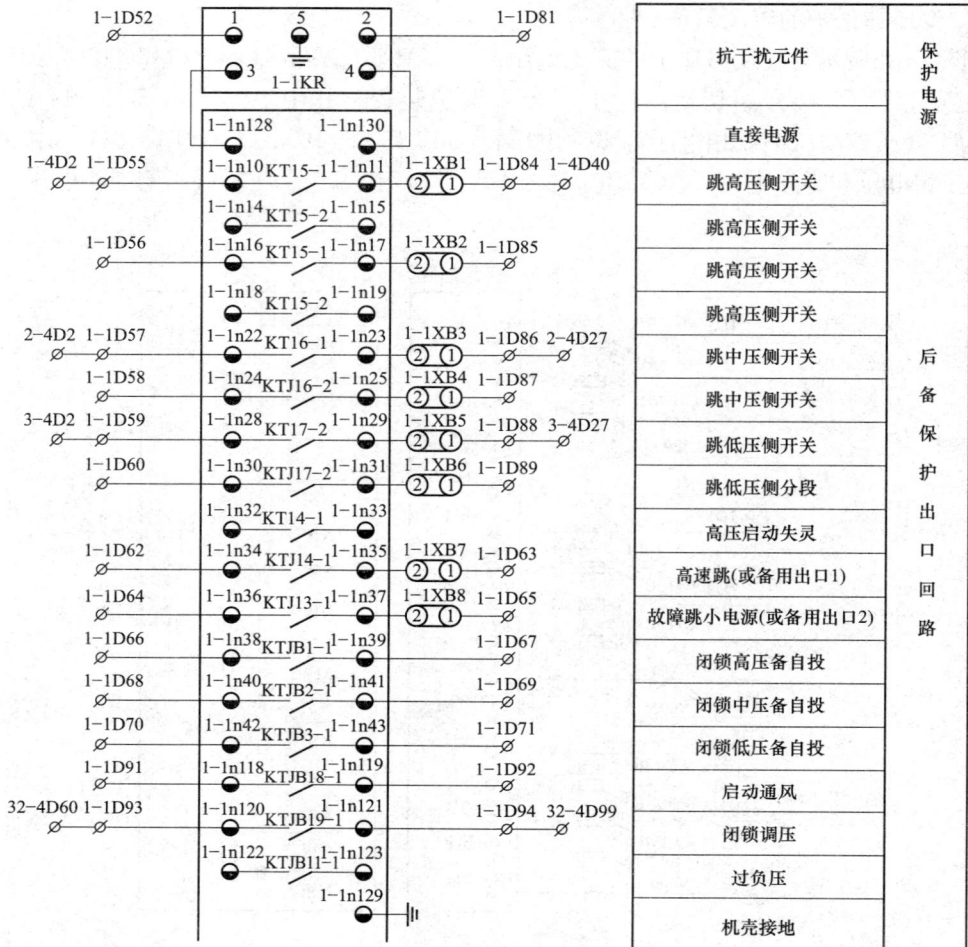

图 4-4 变压器保护的出口回路

第二节 冷却器控制回路

一、强油循环变压器

强油循环变压器控制回路需要考虑如下问题：大型变压器的冷却一般采用强油循环冷却风冷却方式，因此要考虑在主电源异常时，自动切换至备用电源，并且要发出中央信号。在冷却器全停时要采取跳变压器回路。电源切换控制回路如图 4-5 所示。有效防止了当工作接触器发生一相或两相触点烧毁时引起缺相并不能切换至备用Ⅱ段工作电源；由于 KMS1、KMS2 接触器线圈长期处于励磁状态，会引起线圈发热甚至烧毁，不能切换至Ⅱ段工作电源。

冷却器全停保护回路如图 4-6 所示，其中 QF1、QF2、QF3 为变压器三侧断路器的辅助触点，即在变压器运行时自动投入冷却器，KMS1、KMS2 为Ⅰ段工作电源和Ⅱ段工作电源接触器触点，当冷却器全停时，回路接通，时间继电器 KT11、KT12、KT13 动作，C1-C2 为变压器油面上层温度触点，一般取温度 75℃，其中 KT11 整定为 20min，KT12 整定为 60min。

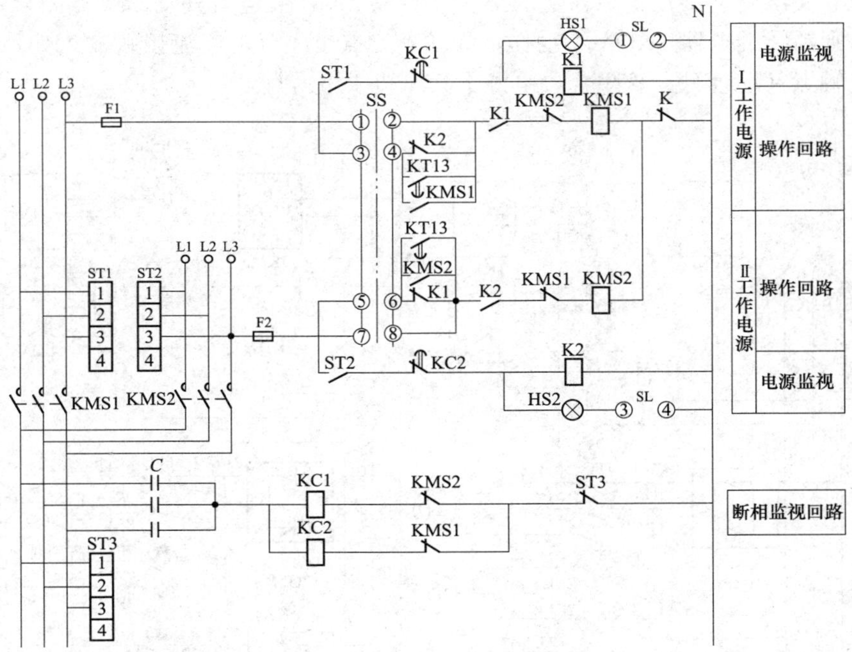

图 4-5 电源切换控制回路

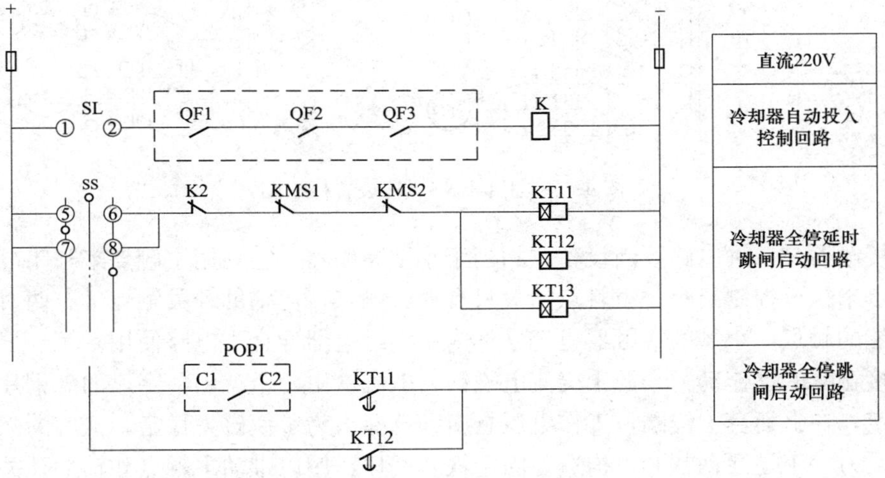

图 4-6 冷却器全停保护回路

二、自然油循环变压器

主变压器风冷装置接线如图 4-7 所示，主变压器两侧各有 5 组风机，每侧的 5 组风机自成一单元。从低压交流屏过来的两路电源为其供电，两路电源互为备用，相互闭锁。如 1、3、5、7、9 风机电源 I 上接有断线继电器 1KDX，用于监视电源 1 是否断线。在电源 1 的控制回路上接有交流接触器 1KM 的线圈和交流接触器 2KM 的动断触点及断线继电器 1KDX 的动断触点。用交流接触器 1KM 的主触点（动合触点）串接在电源 I 中开断电源回路。当电源Ⅱ失电后，接在电源Ⅱ上的交流接触器2KM失电，其动断触点闭合，此时若电源Ⅰ完好，则断线继电器1KDX不动作，其动断触点也闭合，交流接触器1KM的线圈带电励磁，其主触点（动合触点）闭合，电源Ⅰ为风机供电。

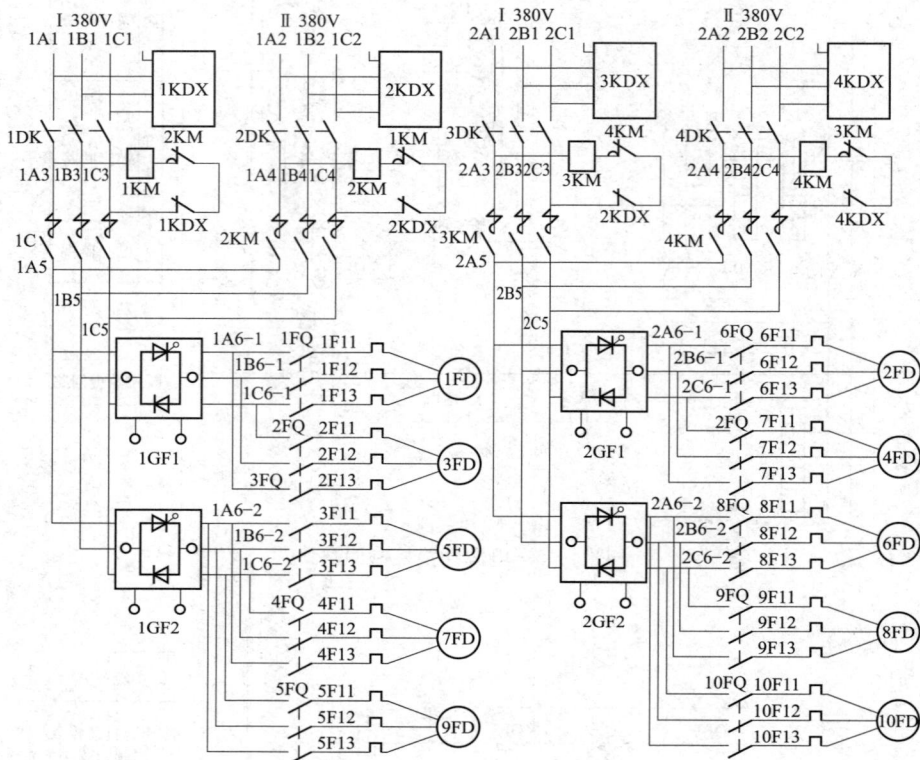

图 4-7 主变压器风冷装置接线图

交流接触器是一种电路开断设备，相当于小型断路器。它利用主触点来开闭电路，用辅助开关触点来执行控制指令。主触点一般只有动合触点，而辅助开关触点常有两对具有动合和动断功能的触点，小型的接触器也经常作为中间继电器配合主电路使用。

交流接触器的动作动力来源于交流电磁铁，电磁铁由两个"山"字形的硅钢片叠成，其中一个固定，在上面套上线圈，工作电压有多种选择，为了使磁力稳定，铁芯的吸合面上加有短路环。另一个是活动铁芯，构造与固定铁芯一样，用以带动主触点和辅助开关触点的开闭。交流接触器在失电后，依靠弹簧复位。20A以上的接触器加有灭弧罩，利用断开电路时产生的电磁力，快速拉断电弧，以保护触点。

第三节　有载调压控制回路

一、电机控制回路

变压器的有载调压是指变压器在带负荷的情况下，运行变压器主绕组分接头位置的切换。变压器绕组的分接头装于油箱内，经联动轴与外部操作箱内的电动机构连接。对操作箱内控制设备的操作，可方便地改变变压器分接头位置。控制装置采用按逐级操作原理构成的电动机构，当按下升或降的按钮，接通电源后由凸轮控制转动时间，按动按钮每变换一级凸轮转一周，在驱动电动机转动时间内不停地完成一次切换，而不受升、降按钮是否揿按的影响。只有当控制系统处于静止状态时，方可进行下一次操作。在操作时只需瞬间揿按一下升或降的按钮，即可完成一次相邻分接头的切换，中途不得改变揿按指令，以防分接头转换过程中造成变压器线圈回路断开。当完成一次分接头切换后，控制回路自动停止电动机转动，以防发生过调。

1. 控制回路电气设备

变压器有载调压控制回路原理接线如图 4-8 所示，其中控制回路各电气设备如下：

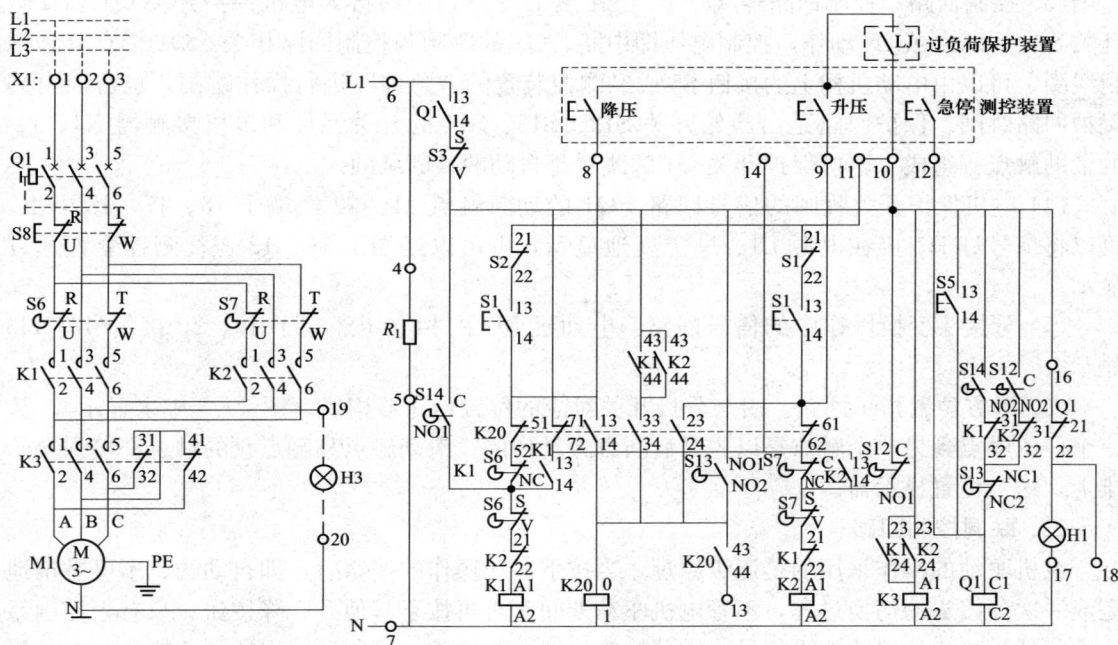

图 4-8　变压器有载调压控制回路原理接线图

K1、K2 为电机接触器，用于控制电机转动方向。K1 动作时，电机顺时针转，传动变压器分接头"降压"；K2 动作时，电机逆时针转，传动变压器分接头"升压"。

K3 为控制接触器，K3 返回时，使电机断开电源，并将电机线圈三相短接。

K20 为逐级操作辅助接触器。

Q1 为电机保护开关，具有过热保护和磁力脱扣功能，可以实现远方操作脱扣功能。

R1 为加热器。

H1 为电机保护开关 Q1 的脱扣信号灯。

H3 为分接头切换在进行中的信号灯。

S1、S2 为变压器分接头"降压""升压"的操作按钮。

S5 为电机保护开关 Q1 的跳闸按钮，即变压器调压的"急停"按钮。

S6、S7 为变压器分接头位置 N、位置 1 的终端限位开关。

S8 为手柄操作的保护开关。

S12、S14 为控制方向的凸轮开关。S12 为"升压"时动作；S13 为"降压"时动作。

S13 为逐级操作凸轮开关。

2. 控制回路组成

变压器有载调压控制回路的组成如下：

(1) 电机回路。电机端子 A、B、C 经电机接触器 K1/K2、限位开关 S6/S7、安全开关 S8 和电机保护开关 Q1 接至交流电源 L1、L2、L3 的端子 1、2、3 上。

(2) 加热器回路。加热器回路经端子 4、5 接至交流电源 L1、N。加热电阻 R_1 长期接在电源上。

(3) 控制回路。控制回路经端子 6、7 接至 L1、N，中间接入电机保护开关 Q1 和安全开关 S8，当 Q1 或 S8 动作，控制电压即中断。Q1 的跳闸与控制回路相关。Q1 带有分励跳闸线圈，可以由电动机构上的按钮 S5 或经测控装置的"急停"进行操作跳闸，也可以由其保护回路跳闸。保护回路是由凸轮开关 S12、S13、S14 的开关元件和电机接触器 K1、K2 的辅助触点等组成。电机保护开关 Q1 的跳闸是自动的、断续的。

(4) 电机保护开关跳闸的信号回路。Q1 的动断触点 21～22 经端子 16、17、18 引出，可以将信号灯 H1 接在电源 L1、N 上就地显示，也可以经端子 16、18 送往测控装置远方显示。

(5) 分接头变换操作中的信号回路：电动机 M1 的相电压经端子 19、20 接信号灯 H3 显示。

(6) 远方位置指示回路。由与分接开关对应的位置传送器构成（图 4-8 中未显示）。从一个位置触点到另一个触点是以先合后断方式动作的。滑动触点和触点盘的触点都接到端子排上，送至位置显示器。

二、联调控制回路

电机驱动的操作采用的是逐级原理，当按下调压操作的按钮后，即自动的、不可撤销地完成一次分接头的切换过程，不管电机驱动期间是否再按下其他升、降按钮。只有当控制系统重新处于静止位置才能进行另一次分接头位置变换操作。控制运行周期的凸轮开关，其静止位置由分接变换指示轮绿色区域中央的红色标志线指示。在操作前，电机保护开关 Q1，安全开关 S8，限位开关 S6、S7 必须处于闭合位置。

1. "降压"操作

按下按钮 S1 或发出"降压"的遥控命令，其动合触点 13-14 闭合，使 K1 线圈励磁动作，其动断触点 21-22 断开，闭锁对 K2 的操作。

K1 动作后电机回路的 1-2、3-4、5-6 触点闭合。K1 的 13-14、43-44 触点也闭合，为 K20 接入做准备。K1 的 23-24 触点闭合，启动制动接触器 K3，K3 在电机回路的触点 31-32、41-42 断开，K3 的 1-2、34-33、5-6 触点闭合为电机引入了三相电源，电动机 M1 启动（顺时针旋转）。K1 的 31-32 触点断开了 Q1 线圈回路。

电机启动，方向记忆凸轮开关 S14 被驱动后，闭合触点 NO1-C。

凸轮开关 S13 被驱动，闭合触点 NO1-NO2，断开触点 NC1-NC2。

辅助触发器 K20 励磁动作后，断开触点 51-52、61-62、71-72，闭合触点 13-14、23-24、33-34、43-44。其中 33-34 闭合使 K20 自保持，71-72 断开使 K1 只能通过凸

轮开关 S14 保持通电。

电机转动停止之前，其机械位置使凸轮开关 S13 断开触点 NO1 - NO2，闭合触点 NC1 - NC2，使方向记忆凸轮开关 S14 打开触点 NO1 - C，动作结束。

电机接触器 K1 释放，断开电机回路中的 1 - 2、3 - 4、5 - 6 和控制回路中的 13 - 14、43 - 44，闭合触点 31 - 32、21 - 22。

K1 的触点 23 - 24 断开，K3 失磁脱扣，K3 的触点 1 - 2、3 - 4、5 - 6 断开，切断了三相电源，K3 的触点 31 - 32、41 - 42 闭合将电机的绕组短接。

K1 的 43 - 44 断开后，使辅助接触器 K20 断电，随之其 51 - 52、61 - 62、71 - 72 触点闭合，13 - 14、23 - 24、33 - 34、43 - 44 触点断开。

然而，只有在按钮 S1（或 S2）没按下，K20 才会断电释放。如果按下 S1（或 S2），K20 即经过其 13 - 14（或 23 - 24）吸合，这样可以防止通过动合触点 51 - 52（或 61 - 62）使 K1（或 K2）再次励磁动作。

在切换过程的最后，当电动机构将要达到或超过终点位置前的瞬间，限位开关 S6 或 S7 立即断开触点，NC - C 使电机接触器 K1 或 K2 断电。当已经到达或超越终点位置时，S6 或 S7 立即断开，R - U、T - W 触点，切断点击回路，触点 S~V 断开，将电机接触器 K1 或 K2 的接入回路打开。

2. "升压"操作

按下按钮 S2 或发出"升压"的遥控命令，电机接触器 K2、K3 通电，电动机 M1 逆时针旋转，方向记忆凸轮 S12 被驱动。接下去的动作过程与上述"降压"操作过程相同。

3. "急停"操作

按下电动机构紧急脱口按钮 S5 或发出"急停"的遥控命令，电机保护开关 Q1 立即跳闸，切断电机电源和控制电源。

4. 手动摇把的操作

将手摇把插在轴上。在手摇把啮合之前，安全开关 S8 动作，切断电机电源。手动摇把的操作结束之后，手摇把从轴上摘下，安全开关 S8 重新闭合。

第四节　非电量装置的二次回路

一、瓦斯回路

当变压器有轻微故障时，由油分解的气体上升入瓦斯继电器，气压使油面下降，继电器的开口杯随油面落下，轻瓦斯干簧触点接通发出预告信号，提醒运行人员检查。

重瓦斯当变压器严重内部故障（特别是匝间短路等其他变压器保护不能快速动作的故障）产生的强烈气体推动油流冲击挡板，挡板上的磁铁吸引重瓦斯干簧触点，使触点接通跳闸。

图 4 - 9 所示为变压器瓦斯继电器触点联系图，图中端子 1、2 为轻瓦斯动作触点，即瓦斯继电器的信号触点，端子 3、4 为重瓦斯动作触点，即瓦斯继电器的跳闸触点。

十八项反事故措施中规定非电量保护中开关场部分的中间继电器，必须由强电直流启动且应采用启动功率较大的中间继电器，其动作时间不宜小于 10ms。

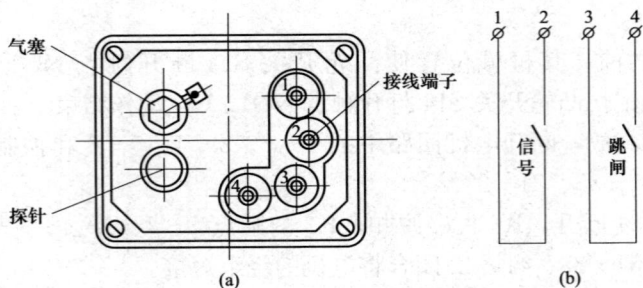

图 4-9 变压器瓦斯继电器触点联系图

(a) 接线端子位置图; (b) 接线原理图

二、压力释放装置的保护回路和信号回路

主变压器本体的压力释放装置和调压装置压力释放装置"压力过高报警"的触点送往变压器非电量保护装置,压力释放装置触点如图 4-10 所示。

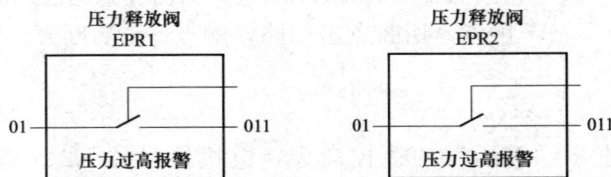

图 4-10 压力释放装置触点图

三、油位、油温监测装置的信号回路

主变压器本体的油位表"高油位""低油位"触点和主变压器调压装置的油位表"高油位""低油位"触点都作为预告信号送往主变压器非电量保护装置。本体油位及调压装置油位如图 4-11 所示。

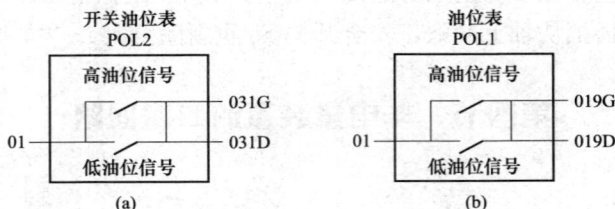

图 4-11 本体油位及调压装置油位

(a) 本体油位表; (b) 调压装置油位表

主变压器温度一般有主变压器绕组温度和主变压器油面温度,其中绕组温度有一组,油面温度有两组。绕组温度计如图 4-12 所示。

主变压器绕组温度计主要测量的是主变压器绕组的温度,当温度达到某值时,相应的触点闭合,作为开入量送到相应的装置,如图 4-12 所示,75℃触点送往变压器冷却装置;105℃触点送往变压器非电量保护装置,启动非电量绕组油温高回路。温度控制器如图 4-13 所示。

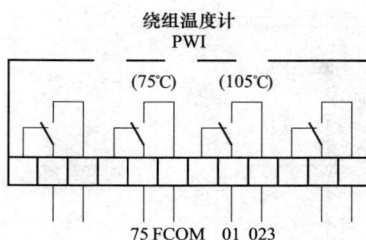

图 4 - 12 绕组温度计

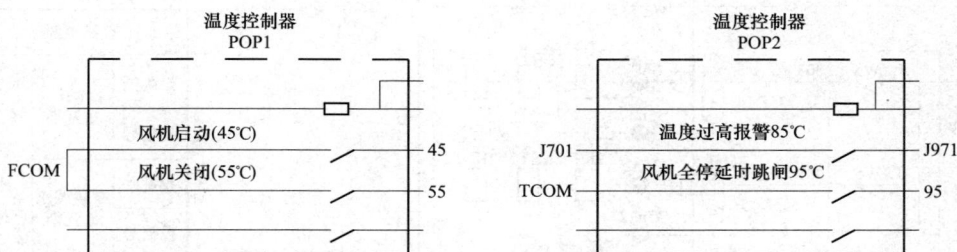

图 4 - 13 温度控制器

主变压器油面温度计一般配置在变压器两侧，如图 4 - 13 中的 POP1 和 POP2，其中 POP1 的 45℃节点和 55℃触点送往主变压器风冷装置对风机进行控制，POP2 的 85℃触点送往变压器非电量装置启动主变压器油温过高回路；POP2 的 95℃触点对于强油循环变压器将其送往主变压器冷却器装置，由冷却器装置判断后将跳闸命令送往变压器非电量保护装置。

四、非电量保护回路

1. 非电量保护的开入回路

非电量保护开入回路接线如图 4 - 14 所示，变压器的非电量保护开入一般分为跳闸和信号开入两部分。在 110kV 及以上变压器中，直接动作于跳闸的有"本体重瓦斯、调压重瓦斯、压力释放、本体超温"，其他如"本体轻瓦斯、调压轻瓦斯、油位异常、温度异常、通风故障"等只发信号。而"压力释放、本体超温"在正常运行中也不投"跳闸"。图 4 - 14 中 003、005、007、009 分别为"本体重瓦斯、调压重瓦斯、压力释放、本体超温"的回路编号，013、015、017、019、021 分别为"本体轻瓦斯、调压轻瓦斯、油位异常、温度异常、通风故障"的回路编号。

2. 非电量保护的出口回路

非电量保护出口回路接线如图 4 - 15 所示。变压器的非电量保护只动作于跳主变压器的三侧断路器，图 4 - 15 中 35D9、35D32 为跳主变压器高压侧断路器端子，35D10、35D33 跳主变压器中压侧端子，35D11、35D34 为跳主变压器低压侧端子。

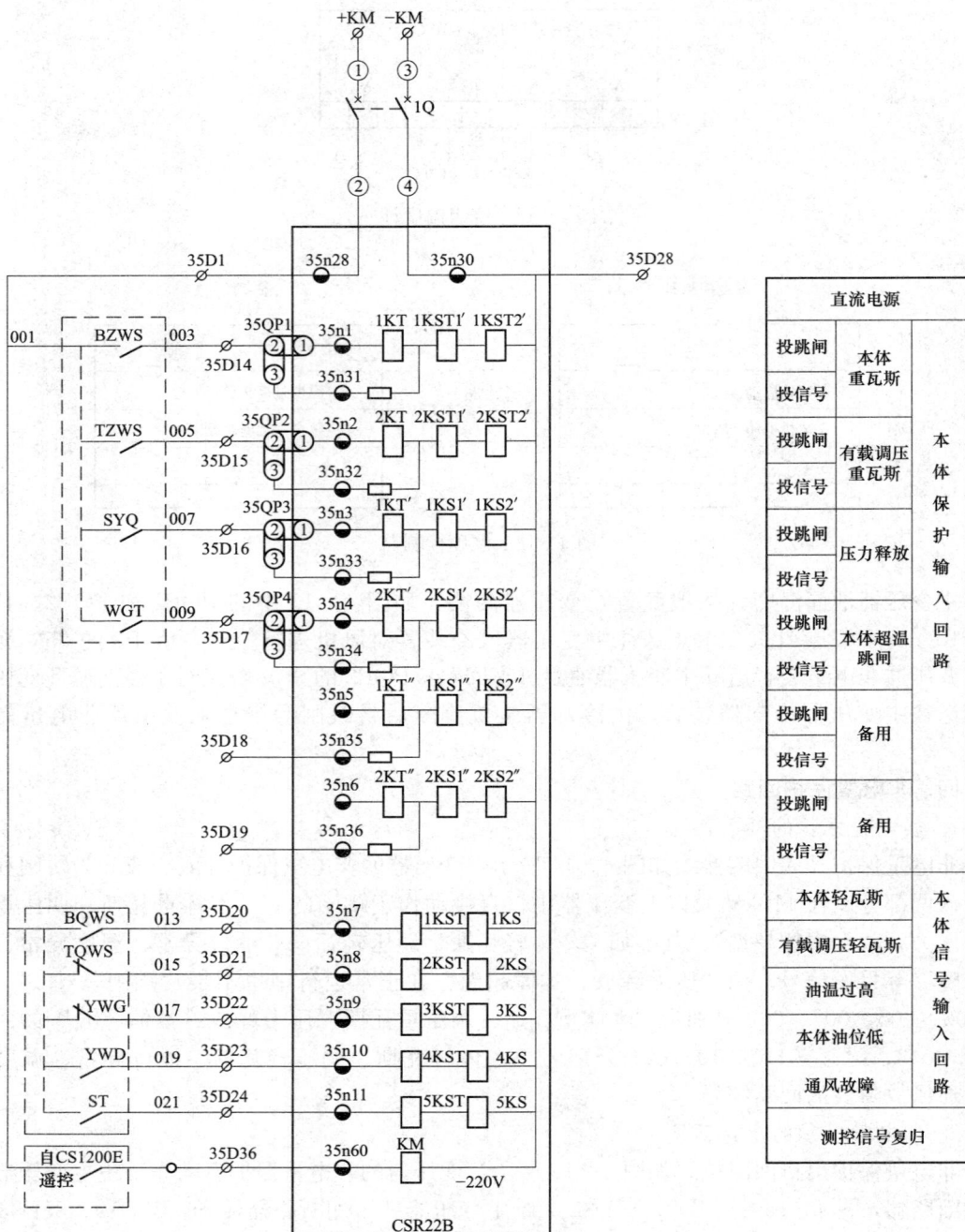

图 4-14 非电量保护开入回路接线图

本体重瓦斯		
调压重瓦斯		
压力释放	跳高压侧1	
本体超温跳闸	断路器	
备用		
备用		
跳高压侧2断路器 (或闭锁高压备自投)		
跳高压侧断路器		
跳中压侧断路器		
备用跳闸		
备用跳闸		
跳低压侧断路器		
本体重瓦斯		
调压重瓦斯	启	
压力释放	动 消	
本体超温跳闸	防	
备用	备用	
备用	出口	
本体重瓦斯		
调压重瓦斯	启	
压力释放	动	
本体超温跳闸	录	
备用	波	
备用		

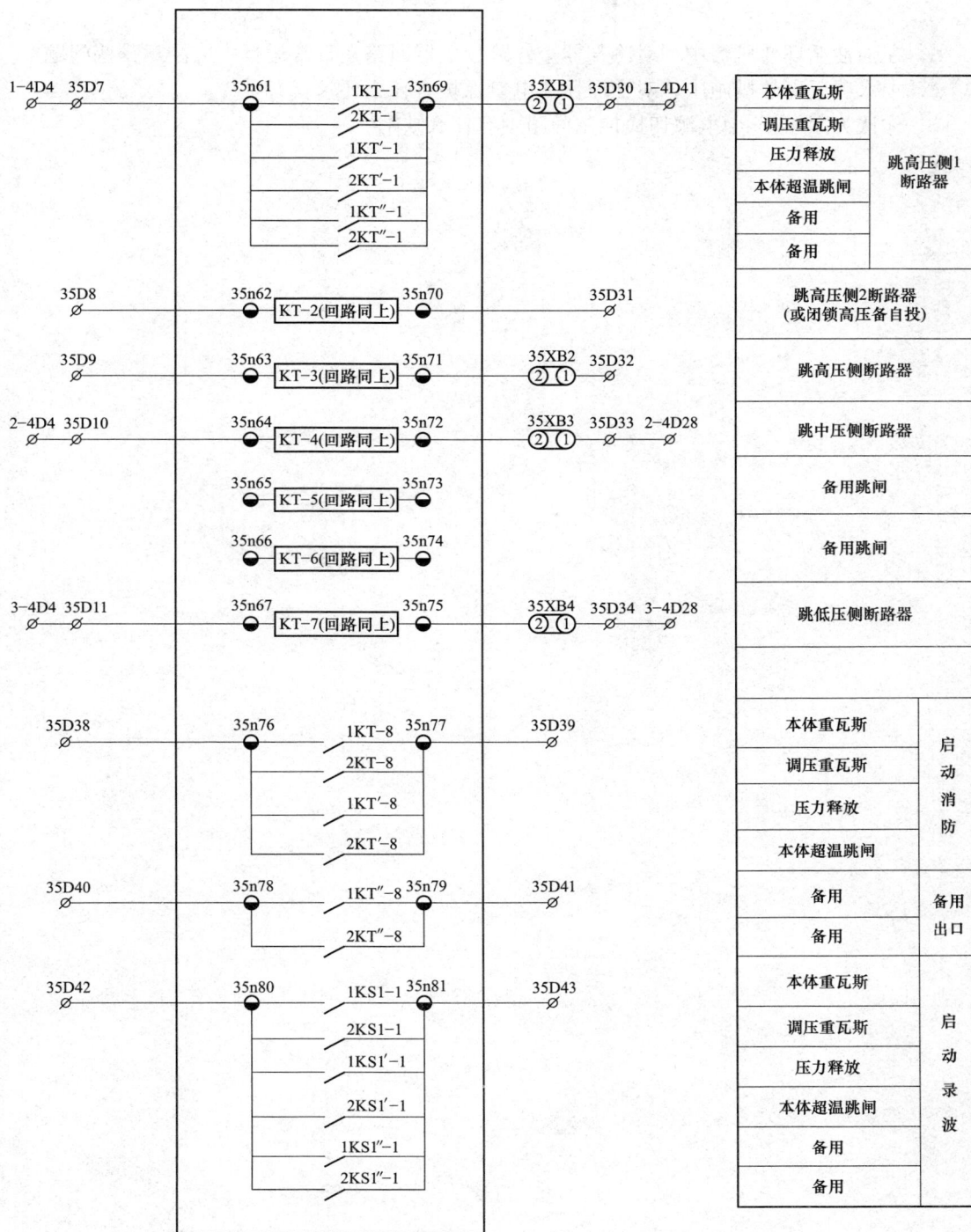

图 4-15　非电量保护出口回路接线图

思 考 题

1. 在强油循环变压器中，对冷却器全停跳变压器回路在日常运行中应注意哪些问题？
2. 十八项反事故措施中，对变压器非电量保护有什么要求？
3. 你认为图 4 - 5 中电源切换控制回路中有什么缺陷？

第五章 隔离开关二次回路

本章主要介绍了隔离开关的控制回路和电气五防闭锁回路。隔离开关控制回路是以三相交流操作的隔离开关为例，分析了二次接线原理，并简要介绍了接地开关、快速接地开关控制回路。在隔离开关电气五防闭锁控制回路这一节中，分别分析了 220kV 双母线隔离开关电气五防闭锁控制回路、变压器隔离开关电气五防闭锁控制回路和 3/2 断路器接线开关电气五防闭锁控制回路。

第一节 隔离开关、接地开关控制回路

一、隔离开关控制回路

隔离开关的电动操作是借助于电动机为动力，拉开或合上隔离开关。目前，变电站内隔离开关都具有电动机双向旋转的操动机构，即拉开隔离开关的过程中，电动机向某一方向旋转，而合上隔离开关过程中，电动机向反方向旋转。根据电动机的不同，有三相交流操作和直流操作。这里介绍的是三相交流操作的隔离开关和接地开关。三相交流操作是改变三相交流电动机的相序，控制电动机的转动方向，从而完成隔离开关的分、合操作过程。三相交流操作的隔离开关原理接线如图 5-1 所示。

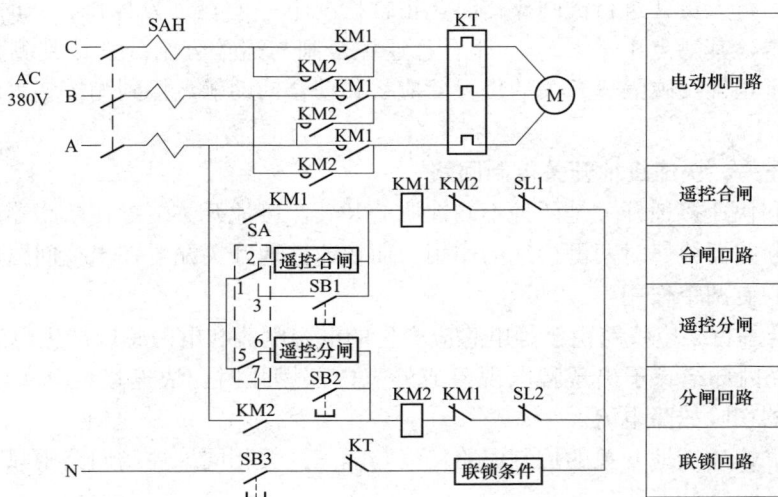

图 5-1 三相交流操作的隔离开关原理接线图

图 5-1 中所接的电气元件作用如下：

（1）SAH 为三相电源空气开关。

（2）KM1、KM2 为三相交流接触器。

（3）KT 为保护电动机的热继电器。

（4）SB1 为就地合闸按钮。

（5）SB2 为就地分闸按钮。

（6）SB3 为就地急停按钮。

（7）SA 为远方就地切换开关。

（8）SL1 为合闸限位开关。

（9）SL2 为分闸限位开关。

正常运行中，电源开关 SAH 处于接通位置。当就地操作隔离开关合闸时，将切换开关 SA 置于就地位置，其触点 1-3、5-7 闭合。瞬时按下 SB1 合闸按钮，交流接触器 KM1 动作并自保持。电动机正方向旋转，直至合闸到位，限位开关 SL1 断开再接通，KM1 失电返回，隔离开关合上。进行分闸操作时，瞬时按下 SB2 分闸按钮，交流接触器 KM2 动作并自保持，改变电动机接入的相序，电动机反方向旋转，直至分闸到位，限位开关 SL2 断开再接通，KM2 失电返回，隔离开关分闸。在就地操作过程中，若遇到意外情况，可以按下 SB3 急停按钮，切断电源，终止操作。

在 KM1 的启动回路中串接了 KM2 的动断触点，在 KM2 的启动回路中串接了 KM1 的动断触点，使 KM1 和 KM2 的动作相互闭锁，防止合闸与分闸的同时操作。当操作过程中遇到机械故障，电动机的热继电器 KT 动作，其动断触点打开，终止操作。

在操作回路中，加入了联锁条件。对简单的一次接线如单母线，只要断路器在断开状态，即可进行隔离开关的操作，这时联锁条件就是断路器的动断辅助触点。在复杂的一次接线中，必须满足多项条件才允许隔离开关的操作，具体条件在本章第二节中叙述。

变电站内运行人员在进行倒闸操作时，正常情况下一般在远方操作，此时切换开关 SA 应置于远方位置，其触点 1-2、5-6 闭合，遥控合闸与遥控分闸分别接到测控装置的遥控开出回路。为了正确反映隔离开关的位置，应将其动合辅助触点接到测控装置的信号开入回路中。

二、接地开关、快速接地开关控制回路

接地开关和快速接地开关是两种不同性质的开关。接地开关配置在断路器两侧隔离开关旁边，仅起到断路器检修时两侧接地的作用。而快速接地开关配置在出线回路的出线隔离开关靠线路一侧，有两个作用：

（1）开、合平行架空线路由于静电感应产生的电容电流和电磁感应产生电感电流；

（2）当外壳内部绝缘子出现爬电现象或外壳内部燃弧时，快速接地开关主回路快速接地，利用断路器切除故障电流。

接地开关、快速接地开关的控制回路接线与隔离开关相同。控制回路中只有它们的联锁条件不同。

接地开关联锁接线如图 5-2 所示，断路器两侧的接地开关 ES31、ES32 进行分、合闸操作的联锁条件，必须是断路器两侧的隔离开关 QS31、QS32 在分闸状态，它们的动断触点 89B 的 M42-M44 闭合，这样才能接通接地开关的控制回路。

快速接地开关联锁接线如图 5-3 所示。线路侧的快速接地开关 FES31 进行分、合闸操

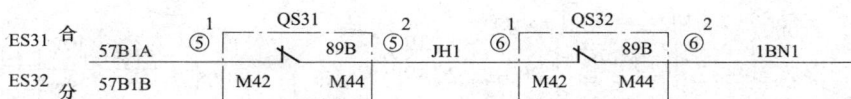

图 5-2　接地开关联锁接线

作的联锁条件，必须是断路器线路侧的隔离开关 QS32 在分闸状态，它的动断触点 89B 的 M42-M44 闭合，同时高压线路无电压，线路高压带电显示装置 VD31 的动断触点闭合，这样才能接通快速接地开关的控制回路。

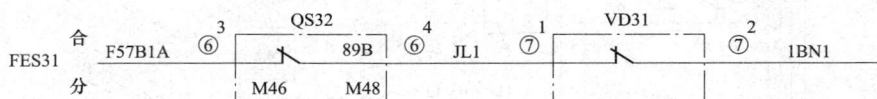

图 5-3　快速接地开关联锁接线

第二节　隔离开关的电气五防闭锁控制回路

一、220kV 双母线隔离开关电气五防闭锁控制

220kV 线路如图 5-4 所示，220kV 隔离开关控制回路如图 5-6 所示。控制回路主要包括隔离开关动力回路、电气五防闭锁回路及位置信号采集回路等。

（一）隔离开关 1QS 合闸操作

1QS 合闸操作必须具备操作：①线路断路器 QF 已分闸；②2QS 及其接地开关 2QSE 均已分闸；③隔离开关操作闭锁接触器 1CJD 线圈带电。1QS 合闸操作逻辑如图 5-5 所示。

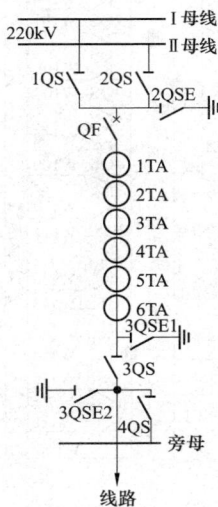

图 5-4　220kV 线路示意图

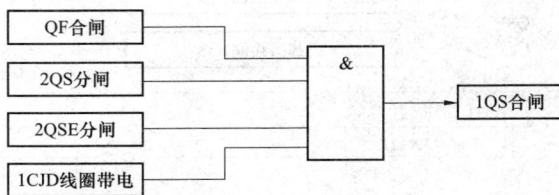

图 5-5　1QS 合闸操作逻辑图

隔离开关合闸操作既能远方控制，也能就地控制。

（1）"远控"合闸操作。如图 5-6 所示，将 SBT2 开关切至"远控"位置，其触点 SBT2/7-8 导通；调度值班员发出合闸指令，计算机开出触点 JHJ 闭合，下列回路导通：

A1→2QSE→A3→1CJD→A11→JHJ→A13→SBT2/7-8→KM2/A1-A2 线圈→KT2/95-96→KM1/61-62→SP2/2-5→SP3/1-3→SB3/1-2→N7→2QS→N3→QFA→N，KM2 线圈带电，电动机 M 反转，实现隔离开关 1QS 远方合闸操作。

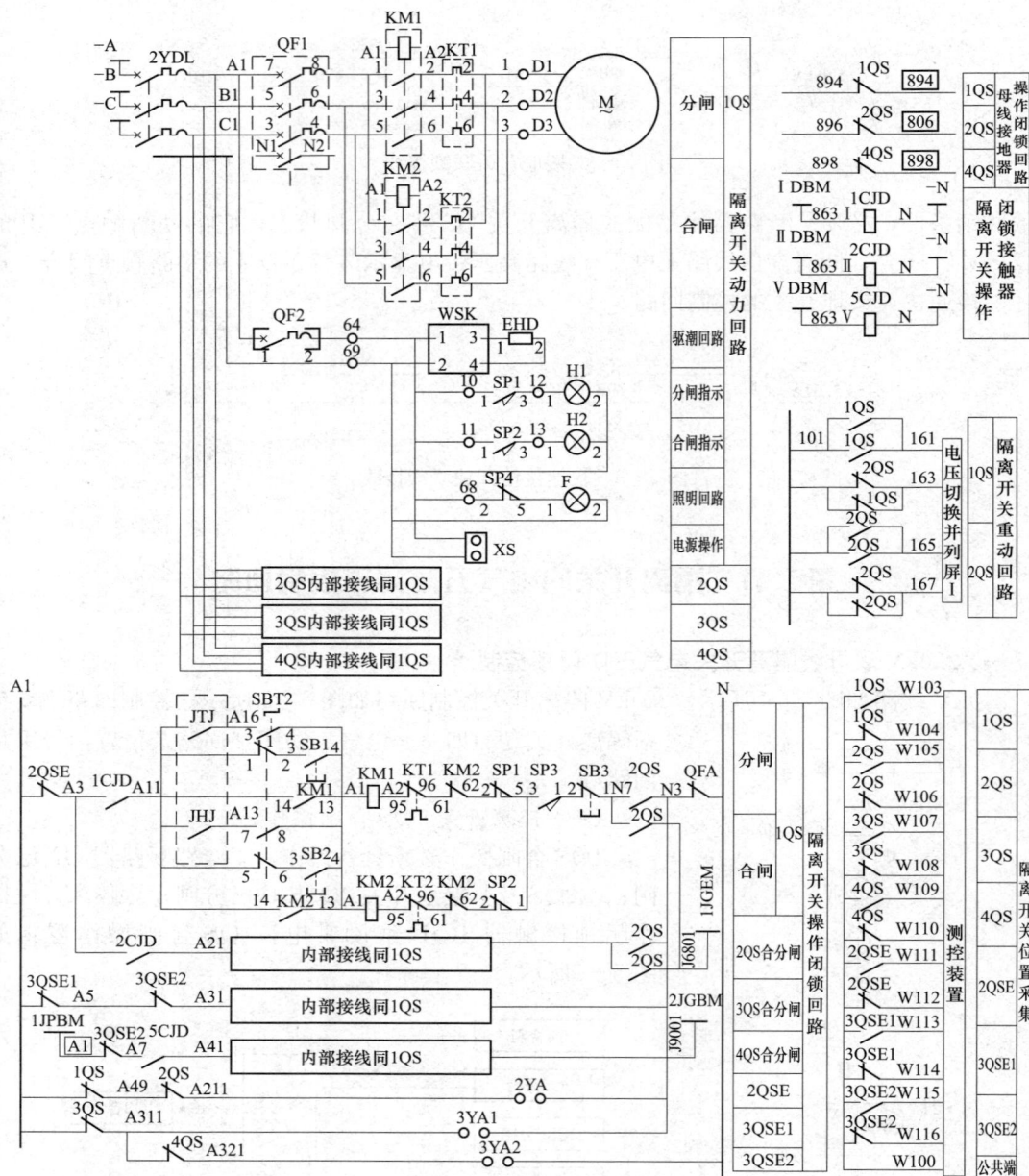

图 5-6 220kV 隔离开关控制回路

同时，触点 KM2/13-14 闭合，A1→2QSE→A3→1CJD→A11→KM2/13-14→KM2/A1-A2 线圈→KT2/95-96→KM1/61-62→SP2/2-5→SP3/1-3→SB3/1-2→N7→2QS→N3→QFA→N，实现 KM2 线圈带电自保持。

1QS 合闸完好后，SP2 动作，其动断触点 SP2/2-5 打开，KM2 线圈自保持回路断电，电动机断电停转，1QS 远方合闸操作结束。

（2）"近控"合闸操作。将 SBT2 开关切至"近控"位置，其触点 SBT2/5-6 导通；按下 SB2，其触点 SB2/3-4 闭合，下列回路导通：

A1→2QSE→A3→1CJD→A11→SBT2/5 - 6→SB2/3 - 4→KM2/A1 - A2 线圈→KT2/95 - 96→KM1/61 - 62→SP2/2 - 5→SP3/1 - 3→SB3/1 - 2→N7→2QS→N3→QFA→N，KM2 线圈带电，电动机 M 反转，实现隔离开关 1QS 就地合闸操作。

（二）隔离开关 1QS 分闸操作

隔离开关分闸操作既能远方控制，也能就地控制。

（1）"远控"分闸操作。将 SBT2 开关切至"远控"位置，其触点 SBT2/3 - 4 导通；调度值班员发出分闸指令，计算机开出触点 JTJ 闭合，下列回路导通：

A1→2QSE→A3→1CJD→A11→JTJ→A15→SBT2/3 - 4→KM1/A1 - A2 线圈→KT1/95 - 96→KM2/61 - 62→SP1/2 - 5→SP3/1 - 3→SB3/1 - 2→N7→2QS→N3→QFA→N，KM1 线圈带电，电动机 M 正转，实现隔离开关 1QS 远方分闸操作。

同时，触点 KM1/13 - 14 闭合，A1→2QSE→A3→1CJD→A11→KM1/13 - 14→KM1/A1 - A2 线圈→KT1/95 - 96→KM2/61 - 62→SP1/2 - 5→SP3/1 - 3→SB3/1 - 2→N7→2QS→N3→QFA→N，实现 KM1 线圈带电自保持。

1QS 分闸完好后，SP1 动作，其动断触点 SP1/2 - 5 打开，KM1 线圈自保持回路断电，电动机断电停转，1QS 远方分闸操作结束。

（2）"近控"分闸操作。将 SBT2 开关切至"近控"位置，其触点 SBT2/1 - 2 导通；按下 SB1，其触点 SB1/3 - 4 闭合，下列回路导通：

A1→2QSE→A3→1CJD→A11→SBT2/1 - 2→SB1/3 - 4→KM1/A1 - A2 线圈→KT2/95 - 96→KM1/61 - 62→SP2/2 - 5→SP3/1 - 3→SB3/1 - 2→N7→2QS→N3→QFA→N，KM1 线圈带电，电动机正转，实现隔离开关 1QS 就地分闸操作。

（三）隔离开关 2QS 分、合闸操作

2QS 分、合闸操作必须具备操作：①线路断路器 QF 已分闸；②2QS 及其接地开关 2QSE 均已分闸；③隔离开关操作闭锁接触器 2CJD 线圈带电。

2QS 分、合闸操作内容与 1QS 相同，不再介绍。

（四）隔离开关 3QS 分、合闸操作

3QS 分、合闸操作必须具备操作：①线路断路器 QF 已分闸；②3QS 及其接地开关 3QSE1 - 2 均已分闸。

3QS 分、合闸操作内容与 1QS 相同，不再介绍。

（五）隔离开关 4QS 分、合闸操作

4QS 分、合闸操作必须具备操作：①小母线 1 - 2JPBM 带电；②3QS 及其接地开关 3QSE2 已分闸。③隔离开关操作闭锁接触器 5CJD 线圈带电。

4QS 分、合闸操作内容与 1QS 相同，不再介绍。

（六）闭锁回路

（1）接地开关 2QSE 闭锁回路。接地开关 2QSE 闭锁回路主要由 QF 及 1QS、2QS 的动断辅助触点、接地开关电磁铁 2YA 等元件组成。

接地开关 2QSE 要想合闸操作，线路断路器 QF、1QS 及 2QS 必须均在分闸位置。只有具备此条件，则 A1→1QS 动断辅助触点→A49→2QS→A211→电磁锁 1YA→N3→QFA→N，电磁锁 2YA 带电开锁，2QSE 可以合闸操作。

（2）接地开关 3QSE1、3QSE2 闭锁回路。接地开关 2QSE 闭锁回路主要由 QF 及 3QS、

4QS 的动断辅助触点、接地开关电磁铁 3YA1、3YA2 等元件组成。

接地开关 3QSE1 要想合闸操作，线路断路器 QF 及 3QS 必须均在分闸位置。只有具备此条件，则 A1→3QS 动断辅助触点→A311→电磁锁 3YA1→N3→QFA→N，电磁锁 3YA1 带电开锁，3QSE1 可以合闸操作。

接地开关 3QSE2 要想合闸操作，线路断路器 QF 及 3QS 必须均在分闸位置。只有具备此条件，则 A1→3QS 动断辅助触点→4QS→A321→电磁锁 3YA2→N3→QFA→N，电磁锁 3YA2 带电开锁，3QSE2 可以合闸操作。

（3）旁路隔离开关闭锁回路。旁路隔离开关闭锁回路由母联兼旁路系统的 QF、1QS、2QS、4QS 的辅助触点以及旁路隔离开关闭锁小母线 1JPBM、2JPBM 组成。

220kV 旁路母线上其他间隔的旁路隔离开关要想分、合闸操作必须具备条件：①母联断路器 QF 已分闸；②1QS（或 2QS）和 4QS 已合闸。

满足上述条件，2JPBM→1QS→N15→4QS→N13→QFA→N，JPBM→A1，小母线 1JPBM、2JPBM 才带电。目的在于当用母联断路器代替线路断路器倒闸操作时，可以防止用线路间隔的旁路隔离开关给旁路母线充电，避免因旁路母线故障，造成被替代线路停电。

（4）220kV 母线隔离开关闭锁回路。母线隔离开关闭锁回路由母联兼旁路系统的 QF、1QS、2QS 的动断辅助触点以及闭锁小母线 JGBM 组成。

只有母联回路投入运行，即 QF 及 1QS、2QS 均合闸，JGBM→1QS→N03→2QS→N01→QFA→N，小母线 JGBM 才带电，才允许进行 220kV 双母线倒闸操作；否则，会发生用母线隔离开关停电的误操作现象。

二、变压器隔离开关的电气五防闭锁控制

变压器隔离开关闭锁电路如图 5-7 所示。图 5-7 中，Q 为灭磁开关的辅助触点，YA1～YA3 为电磁锁开关。各隔离开关闭锁条件如下：

（1）当断路器 QF 在分闸位置，而且隔离开关 QS2（或 QS1）在断开位置时，才能操作 QS1（或 QS2）。QS1（或 QS2）操作逻辑如图 5-8 所示。

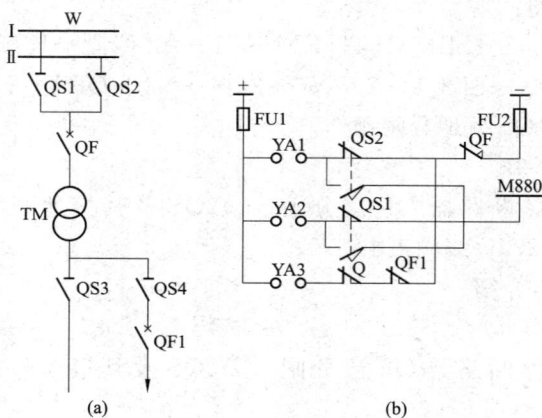

图 5-7 变压器隔离开关闭锁电路图
(a) 一次系统图；(b) 闭锁电路图

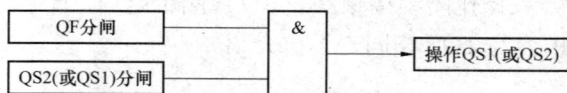

图 5-8 QS1（或 QS2）操作逻辑图

（2）当断路器 QF、厂用分支断路器 QF1 和灭磁开关 Q 均在分闸位置时，才能操作 QS3。QS3 操作逻辑如图 5-9 所示。

（3）当双母线并联运行，即隔离开关闭锁小母线 M880 取得负电源，并且在隔离开关 QS2（或 QS1）合闸时，才能操作 QS1（或 QS2）。QS1（或 QS2）操作逻辑如图 5-10 所示。

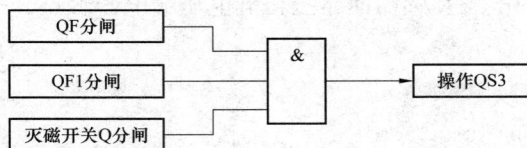

图 5-9 QS3 操作逻辑图

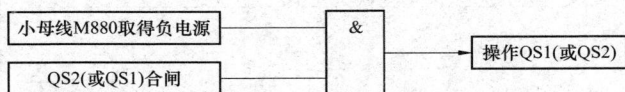

图 5-10 QS1（或 QS2）操作逻辑图

三、3/2 断路器接线开关电气五防闭锁控制

500kV 电气主接线如图 5-11 所示，图中的 1QF、3QF 分别为Ⅰ母线侧和Ⅱ母线侧断路器；2QF 为联络断路器；500kV 母线侧隔离开关 1QS，自带单接地开关 1QSE；线路 1 隔离开关 2QS，自带单接地开关 2QSE；联络断路器回路隔离开关 1QS，自带双接地开关 1QSE1、1QSE2；联络断路器回路隔离开关 2QS，自带三接地开关 2QSE1、2QSE2 和 2QSE。

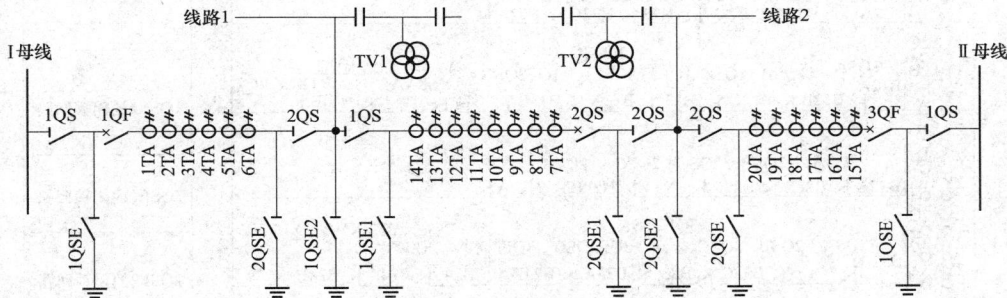

图 5-11 500kV 电气主接线

3/2 断路器接线开关以图 5-11 中设备为例，其所有接地开关的闭锁回路如图 5-12 所示。其中，1YAA、1YAB、1YAC 分别为Ⅰ母线侧接地开关 1QSE 的三相电磁锁，2YAA、2YAB、2YAC 分别为线路 1 接地开关 2QSE 的三相电磁锁，31YAA、31YAB、31YAC 分别为Ⅱ母线侧接地开关 1QSE 的三相电磁锁，32YAA、32YAB、32YAC 分别为线路 2 接地开关 2QSE 的三相电磁锁，1YA1A、1YA1B、1YA1C 分别为接地开关 1QSE1 的三相电磁锁，1YA2A、1YA2B、1YA2C 分别为接地开关 1QSE2 的三相电磁锁，2YA1A、2YA1B、2YA1C 分别为接地开关 2QSE1 的三相电磁锁，2YA2A、2YA2B、2YA2C 分别为接地开关 2QSE2 的三相电磁锁，1QFA、1QFB、1QFC 分别为Ⅰ母线侧断路器的三相辅助触点，2QFA、2QFB、2QFC 分别为联络断路器的三相辅助触点，3QFA、3QFB、3QFC 分别为Ⅱ母线侧断路器的三相辅助触点，1QF2QSA、1QF2QSB、1QF2QSC 分别为线路 2 的隔离开关 2QS 三相辅助触点，1QSA、1QSB、1QSC 分别为隔离开关 1QS 的三相辅助触点，2QSA、2QSB、2QSC 分别为隔离开关 2QS 的三相辅助触点，1XLKVA、1XLKVB、1XLKVC 分别为线路 1 的电压互感器回路三相低电压继电器触点，2XLKVA、2XLKVB、

2XLKVC 分别为线路 2 的电压互感器回路三相低电压继电器触点。

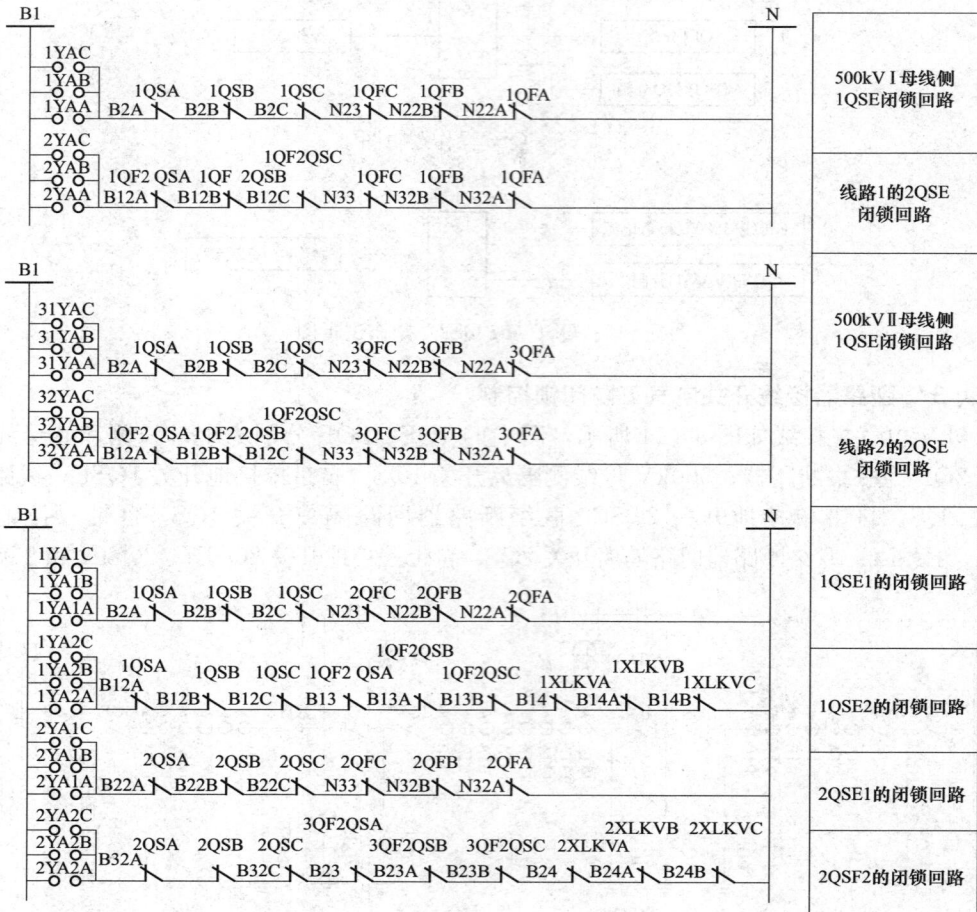

图 5-12　3/2 断路器接线开关闭锁回路

接地开关闭锁回路可以防止带电合接地开关，避免人为产生永久性接地故障。接地开关的闭锁回路包括 I 母线侧接地开关 1QSE，II 母线侧接地开关 1QSE，线路 1 接地开关 2QSE，线路 2 接地开关 2QSE，接地开关 1QSE1、1QSE2 及接地开关 2QSE1、2QSE2 的闭锁回路。

1. I 母线接地开关 1QSE 闭锁回路

1QSE 合闸操作必须满足如下条件：

（1）断路器 1QF 已分闸；

（2）I 母线侧隔离开关 1QS 已分闸；

（3）接地开关 1QSE 闭锁回路控制电源带电。

只有具备上述条件后，1QSE 的电磁锁 1YA 才能被开锁，允许 1QSE 合闸操作。闭锁回路导通过程如下：N→1QFA→N22A→1QFB→N22B→1QFC→N23→1QSC→B2C→1QSB→B2B→1QSA→B2A→三相电磁锁 1YAA、1YAB、1YAC→B1，三相电磁锁 1YAA、1YAB、1YAC 带电，1QSE 闭锁解除，可以合闸操作。

2. Ⅱ 母线接地开关 1QSE 闭锁回路

1QSE 合闸操作必须满足如下条件：

(1) 断路器 3QF 已分闸；

(2) Ⅰ 母线侧隔离开关 1QS 已分闸；

(3) 接地开关 1QSE 闭锁回路控制电源带电。

只有具备上述条件后，1QSE 的电磁锁 31YA 才能被开锁，允许 1QSE 合闸操作。闭锁回路导通过程如下：N→3QFA→N22A→3QFB→N22B→3QFC→N23→1QSC→B2C→1QSB→B2B→1QSA→B2A→三相电磁锁 31YAA、31YAB、31YAC→B1，三相电磁锁 31YAA、31YAB、31YAC 带电，1QSE 闭锁解除，可以合闸操作。

3. 线路 1 接地开关 2QSE 闭锁回路

2QSE 合闸操作必须满足如下条件：

(1) 断路器 1QF 已分闸；

(2) 线路 1 隔离开关 2QS 已分闸；

(3) 接地开关 2QSE 闭锁回路控制电源带电。

只有具备上述条件后，2QSE 的电磁锁 2YA 才能被开锁，允许 2QSE 合闸操作。闭锁回路导通过程如下：N→1QFA→N32A→1QFB→N32B→1QFC→N33→1QF2QSC→B12C→1QF2QSB→B12B→1QF2QSA→B12A→电磁锁 2YAA、2YAB、2YAC→B1，三相电磁锁 2YAA、2YAB、2YAC 带电，2QSE 闭锁解除，可以合闸操作。

4. 线路 2 接地开关 2QSE 闭锁回路

2QSE 合闸操作必须满足如下条件：

(1) 断路器 3QF 已分闸；

(2) 线路 2 隔离开关 2QS 已分闸；

(3) 接地开关 2QSE 闭锁回路控制电源带电。

只有具备上述条件后，2QSE 的电磁锁 32YA 才能被开锁，允许 2QSE 合闸操作。闭锁回路导通过程如下：N→3QFA→N32A→3QFB→N32B→3QFC→N33→3QF2QSC→B12C→3QF2QSB→B12B→3QF2QSA→B12A→电磁锁 32YAA、32YAB、32YAC→B1，三相电磁锁 32YAA、32YAB、32YAC 带电，2QSE 闭锁解除，可以合闸操作。

5. 接地开关 1QSE1 闭锁回路

1QSE1 合闸操作必须满足如下条件：

(1) 断路器 2QF 已分闸；

(2) 2QF 回路的隔离开关 1QS 已分闸；

(3) 接地开关 1QSE1 闭锁回路控制电源带电。

只有具备上述条件后，1QSE1 的电磁锁 1YA1 才能被开锁，允许 1QSE1 合闸操作。闭锁回路导通过程如下：N→2QFA→N22A→2QFB→N22B→2QFC→N23→1QSC→B2C→1QSB→B2B→1QSA→B2A→三相电磁锁 1YA1A、1YA1B、1YA1C→B1，三相电磁锁 1YA1A、1YA1B、1YA1C 带电，1QSE1 闭锁解除，可以合闸操作。

6. 接地开关 1QSE2 闭锁回路

1QSE2 合闸操作必须满足如下条件：

(1) 线路 1 的隔离开关 2QS 已分闸；

（2）2QF 回路的隔离开关 1QS 已分闸；

（3）线路 1 已停电；

（4）接地开关 1QSE2 闭锁回路控制电源带电。

只有具备上述条件后，1QSE2 的电磁锁 1YA2 才能被开锁，允许 1QSE2 合闸操作。闭锁回路导通过程如下：N→1XLKVC→B14B→1XLKVB→B14A→1XLKVA→B14→2QSC→B13B→2QSB→B13A→2QSA→B13→1QSC→B12C→1QSB→B12B→1QSA→B12A→三相电磁锁 1YA2A、1YA2B、1YA2C→B1，三相电磁锁 1YA2A、1YA2B、1YA2C 带电，1QSE2 闭锁解除，可以合闸操作。

7. 接地开关 2QSE1 闭锁回路

2QSE1 合闸操作必须满足如下条件：

（1）断路器 2QF 已分闸；

（2）2QF 回路的隔离开关 2QS 已分闸；

（3）接地开关 2QSE1 闭锁回路控制电源带电。

只有具备上述条件后，2QSE1 的电磁锁 2YA1 才能被开锁，允许 2QSE1 合闸操作。闭锁回路导通过程如下：N→2QFA→N32A→2QFB→N32B→2QFC→N33→2QSC→B22C→2QSB→B22B→2QSA→B22A→三相电磁锁 2YA1A、2YA1B、2YA1C→B1，三相电磁锁 2YA1A、2YA1B、2YA1C 带电，2QSE1 闭锁解除，可以合闸操作。

8. 接地开关 2QSE2 闭锁回路

2QSE2 合闸操作必须满足如下条件：

（1）线路 2 的隔离开关 2QS 已分闸；

（2）2QF 回路的隔离开关 2QS 已分闸；

（3）线路 2 已停电；

（4）接地开关 1QSE2 闭锁回路控制电源带电。

只有具备上述条件后，2QSE2 的电磁锁 2YA2 才能被开锁，允许 2QSE2 合闸操作。闭锁回路导通过程如下：N→2XLKVC→B24B→2XLKVB→B24A→2XLKVA→B24→3QF2QSB→B23B→3QF2QSB→B23A→3QF2QSA→B23→2QSC→B32C→2QSB→B32B→2QSA→B32A→三相电磁锁 2YA2A、2YA2B、2YA2C→B1，三相电磁锁 2YA2A、2YA2B、2YA2C 带电，2QSE2 闭锁解除，可以合闸操作。

思 考 题

1. 简述隔离开关的作用及与断路器的区别。

2. 简述隔离开关控制回路的工作原理。

3. 简述 220kV 双母线隔离开关 1QS 的操作条件及分、合闸回路的控制过程。

4. 变压器隔离开关的闭锁条件是什么？

5. 简述 3/2 断路器接线接地开关闭锁回路的作用及闭锁回路的组成？

6. 3/2 断路器接线 Ⅰ、Ⅱ 母线接地开关 1QSE 合闸条件是什么？

第六章　220kV 线路保护二次回路

本章以 220kV 常规变电站 220kV 线路为例分析二次接线。一次接线形式：双母线；二次设备：常规控制屏、双套微机保护（光纤纵差＋光纤距离）、继电器式母线保护、继电器式失灵保护。220kV 线路保护采用双重化配置，本章以南瑞的 RCS‑931 保护和许继的 WHX‑802 保护来介绍其二次回路。

第一节　RCS‑931 和 WHX‑802 线路保护

一、RCS‑931 保护

将线路两侧的电信号（电流量）经光电转换接口转换为光信号，用光纤将两侧信号联系起来的保护称为光纤差动保护。RCS‑931 保护包括以分相电流差动和零序电流差动为主体的快速主保护，由工频变化量距离元件构成的快速Ⅰ段保护，由三段式相间和接地距离及四个延时段零序方向过电流构成的全套后备保护。

（一）RCS‑931 保护的电流回路

线路光纤差动保护 RCS‑931 装置的电流量取自该间隔电流互感器的第一个二次绕组，如图 6‑1 所示。在线路断路器的端子箱中通过星形接线后引入装置（图 6‑1 中的 A411、B411、C411 端子），经模数转换，数据采集等处理后供微机保护使用。

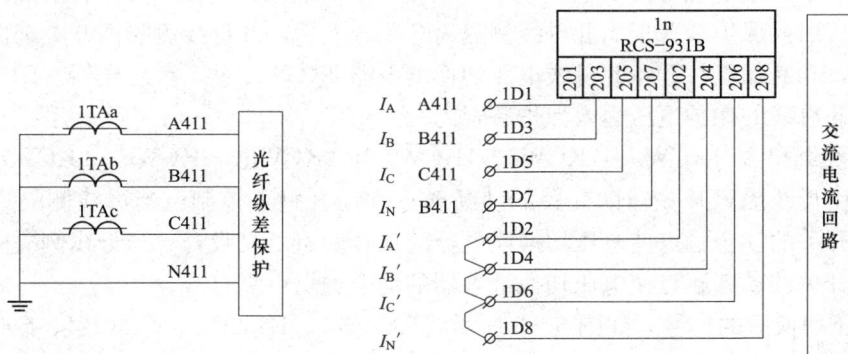

图 6‑1　RCS‑931 保护的电流回路图

（二）RCS‑931 保护的电压回路

RCS‑931 保护装置电压切换回路如图 6‑2 所示。

图 6‑2 中所接电气元件作用如下：①1QA：三相电源空气开关；②1KCW：Ⅰ母线电压切换继电器；③2KCW：Ⅱ母线电压切换继电器。

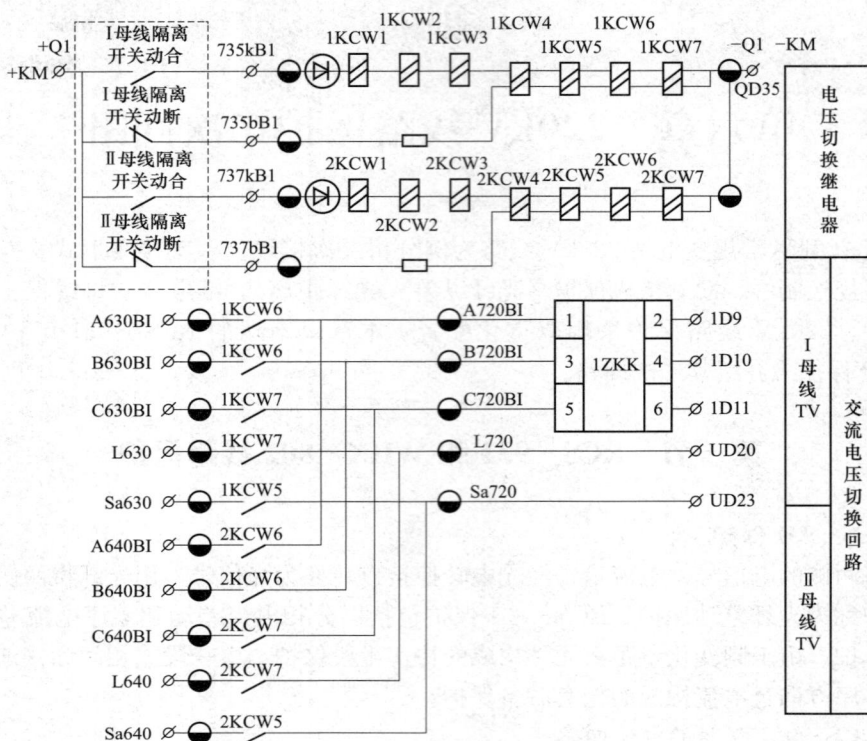

图 6-2　RCS-931 保护装置电压切换回路

（1）当线路 I 母线侧隔离开关合上后，I 母线侧隔离开关辅助开关的动合触点闭合，动断触点打开，I 母线电压切换继电器 1KCW（共 7 个继电器）励磁，其动合触点闭合，I 母线的保护电压引入保护装置；当 II 母线侧隔离开关合上后，II 母线侧隔离开关辅助开关的动合触点闭合，动断触点打开，II 母线电压切换继电器 2KCW（共 7 个继电器）励磁，其动合触点闭合，II 母线的保护电压引入保护装置。

电压切换继电器 1KCW5、1KCW6、1KCW7 和 2KCW5、2KCW6、2KCW7 都有两组线圈，分别由母线隔离开关辅助开关的动断触点和动合触点控制。当母线侧隔离开关合上后，其辅助开关的动合触点使电压切换继电器的动合触点可靠吸合；当母线侧隔离开关断开后，其辅助开关的动断触点使电压切换继电器的动合触点可靠打开。

（2）电压切换后的标号，如图 6-2 所示，A630BI、B630BI、C630BI、Sa630 是来自 I 母线的保护 I 电压，A640BI、B640BI、C640BI、Sa640 是来自 II 母线的保护 I 电压，经电压切换继电器触点切换后，其标号变为 A720BI、B720BI、C720BI、L720、Sa720。

（三）RCS-931 保护装置的开入回路

RCS-931 保护装置的开入回路如图 6-3 所示。

（1）连接片的开入回路。作为开入量的连接片一般是指功能连接片，当投入或退出这些连接片时微机保护的这些功能也相应地投入或退出，如投零序保护连接片 1XB17、投主保护连接片 1XB18 等。

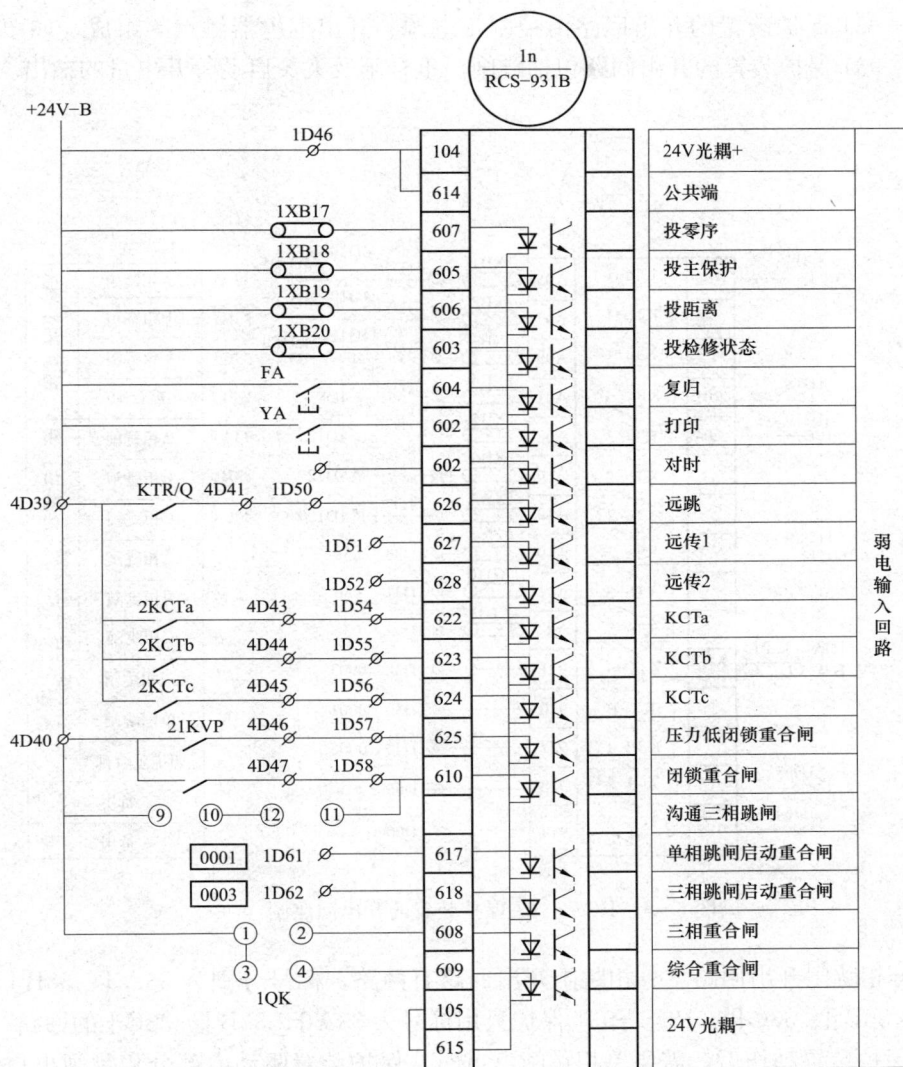

图 6-3　RCS-931 保护装置的开入回路图

（2）重合闸切换把手的开入回路。重合闸切换把手处在不同位置时，接通相应的端子，如 608、609 端子，RCS-931 保护装置"读取"这些端子的状态后，即将"三相重合闸"或"综合重合闸"功能投入。

（3）断路器跳闸位置开入回路。当断路器跳闸后，断路器位置继电器 KCTa、KCTb、KCTc 的动合触点闭合，保护装置可以判断断路器当前的状态。

（4）其他触点的开入回路。装置"读取"远跳（KTR/Q）触点用于判断其他保护装置是否有跳闸开出；压力闭锁重合闸（21KVP）判断断路器 SF_6 压力是否正常。

光电耦合器用于开入量信号的隔离，使其输出与输入在电气上完全分离开，消除、抑制干扰。

（四）RCS-931 保护装置的开出回路

RCS-931 保护装置的开出回路由控制正电源、开出继电器触点等组成，如图 6-4 所示。RCS-931 保护装置的开出回路包括跳闸、重合闸及失灵启动等开出量的输出。

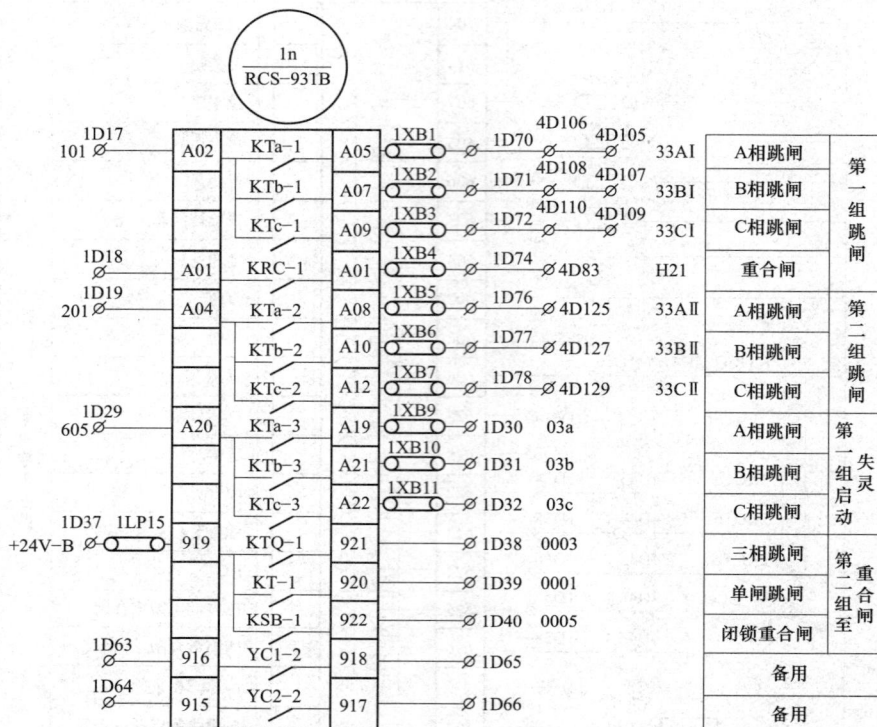

图 6-4 内容：

顶部：1n / RCS-931B

输入端	端子	继电器	端子	连接片	标号	标号	标号	功能	分组
1D17 101	A02	KTa-1	A05	1XB1	1D70	4D106 4D105	33AⅠ	A相跳闸	第一组跳闸
		KTb-1	A07	1XB2	1D71	4D108 4D107	33BⅠ	B相跳闸	
		KTc-1	A09	1XB3	1D72	4D110 4D109	33CⅠ	C相跳闸	
1D18	A01	KRC-1	A01	1XB4	1D74	4D83	H21	重合闸	
1D19 201	A04	KTa-2	A08	1XB5	1D76	4D125	33AⅡ	A相跳闸	第二组跳闸
		KTb-2	A10	1XB6	1D77	4D127	33BⅡ	B相跳闸	
		KTc-2	A12	1XB7	1D78	4D129	33CⅡ	C相跳闸	
1D29 605	A20	KTa-3	A19	1XB9	1D30	03a		A相跳闸	第一组启动失灵
		KTb-3	A21	1XB10	1D31	03b		B相跳闸	
		KTc-3	A22	1XB11	1D32	03c		C相跳闸	
1D37 1LP15 +24V-B 919		KTQ-1	921		1D38	0003		三相跳闸	第二组至重合闸
		KT-1	920		1D39	0001		单闸跳闸	
		KSB-1	922		1D40	0005		闭锁重合闸	
1D63 916		YC1-2	918		1D65			备用	
1D64 915		YC2-2	917		1D66			备用	

图 6-4 RCS-931 保护装置的开出回路图（一）

（1）分相跳闸开出回路。分相跳闸开出回路有两路，标号分别为 33AⅠ、33BⅠ、33CⅠ 和 33AⅡ、33BⅡ、33CⅡ，RCS-931 保护只用标号为 33AⅠ、33BⅠ、33CⅠ 的回路，另一路备用。当保护装置动作后，需要单相跳闸出口时，保护装置驱动内部分相跳闸出口继电器，其动合触点 KTa-1、KTb-1、KTc-1 中任一路闭合，输出单相跳闸指令。

（2）重合闸开出回路。标号为 H21，有保护装置驱动内部重合闸出口继电器 KRC-1，其动合触点闭合，输出重合闸指令。

（3）启动失灵开出回路。启动失灵开出回路标号为 03a、03b、03c。由图 6-4 可知，启动失灵开出回路由 RCS-931 保护的启动失灵继电器（跳闸继电器）动合触点 KTa-3、KTb-3、KTc-3 和断路器失灵保护中的启动失灵继电器（电流继电器）触点串联在一起构成。

（4）信号开出回路。信号开出回路由信号直流电源（J701）、保护装置内部信号继电器等组成。当有信号输出时，保护装置驱动内部信号继电器，其动合触点闭合，将信号回路接通。图 6-5 所示为信号开出回路包括跳闸信号、重合闸信号、装置闭锁信号灯。

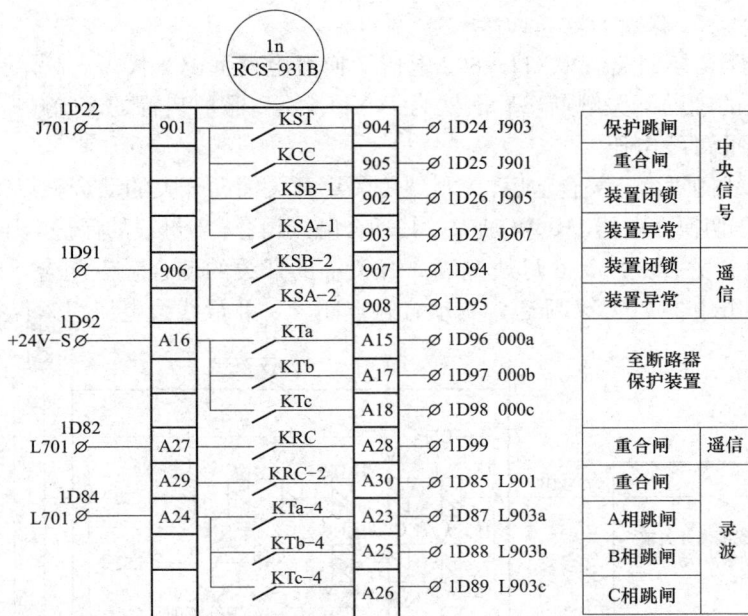

图 6 - 5　RCS - 931 保护装置信号开出回路图（二）

二、WXH - 802 型纵联高频保护

WXH - 802 型高频保护由综合距离方向元件和零序方向元件构成全线速动主保护，后备保护由三段式相间和接地距离、6 段零序过电流方向保护构成。

利用距离保护的启动元件和距离方向元件控制收、发信机发出高频闭锁信号，闭锁两侧保护的原理构成的高频保护，称之为高频距离闭锁保护。

（一）WXH - 802 保护的电流回路

WXH - 802 微机保护电流量取自该间隔电流互感器的第二个二次绕组，在线路断路器的端子箱中通过星形接线，如图 6 - 6 所示，为 WXH - 802 保护的电流回路接线图，第二个二次绕组 A、B、C 相的一端 A1K2、B1K2、C1K2（端子号 4、5、6）连接在一起，通过电缆引到保护屏上经软铜线接地，另一端 A1K1、B1K1、C1K1（端子号 1、2、3）连接在一起引入高频保护装置，构成星形接线，通过电缆输入到微机保护 WXH - 802 中，经过模数转换、数据采集等处理后供微机保护使用。

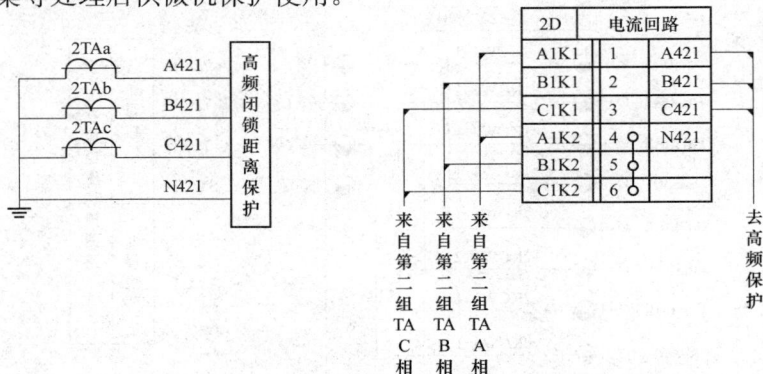

图 6 - 6　WXH - 802 保护的电流回路接线图

（二）WXH-802 保护的电压回路

（1）二次电压切换回路。WXH-802 电压切换继电器回路如图 6-7 所示，前面实框为母线侧隔离开关的辅助开关触点，后面框为 WXH-802 保护装置的交流电压切换装置，用于切换Ⅰ母线或Ⅱ母线电压。

当线路Ⅰ母线侧隔离开关合上后，Ⅰ母线侧隔离开关辅助开关的动合触点闭合，动断触点打开，Ⅰ母线电压切换继电器 1KCW 励磁，其动合触点闭合，Ⅰ母线的保护电压引入保护装置；当Ⅱ母线侧隔离开关合上后，Ⅱ母线侧隔离开关辅助开关的动合触点闭合，动断触点打开，Ⅱ母线电压切换继电器 2KCW 励磁，其动合触点闭合，Ⅱ母线线电压引入保护装置。

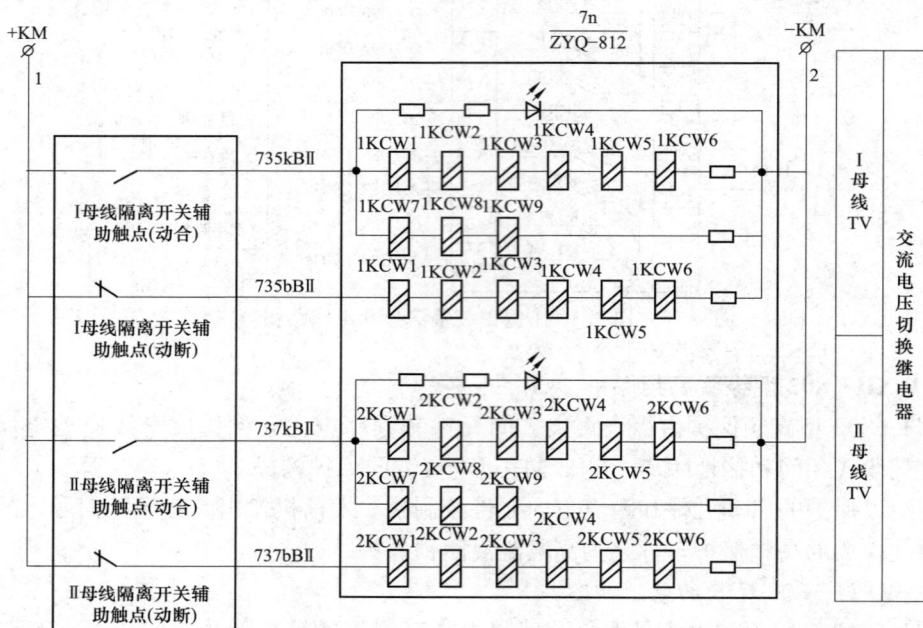

图 6-7　WXH-802 电压切换继电器回路图

（2）电压回路标号，如图 6-8 所示，来自Ⅰ母线 TV 的二次电压 A630BⅡ、B630BⅡ、C630BⅡ、Sa630 和来自Ⅱ母线 TV 的二次电压 A640BⅡ、B640BⅡ、C640BⅡ、Sa630，经电压切换继电器触点切换后，其标号变为 A720BⅡ、B720BⅡ、C720BⅡ、Sa720。

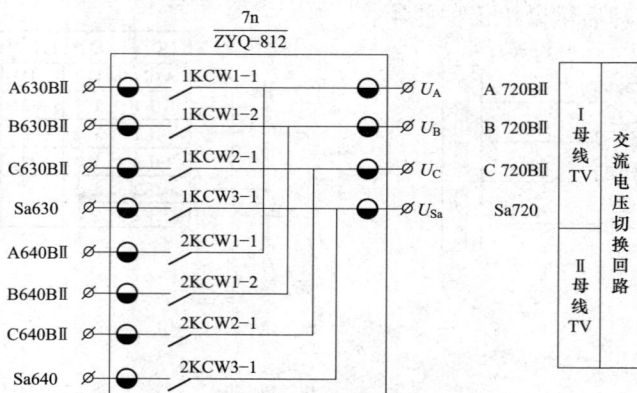

图 6-8　WXH-802 装置交流电压切换回路图

（三）WXH－802保护的开入回路

WXH－802高频保护的开入回路如图6－9所示。

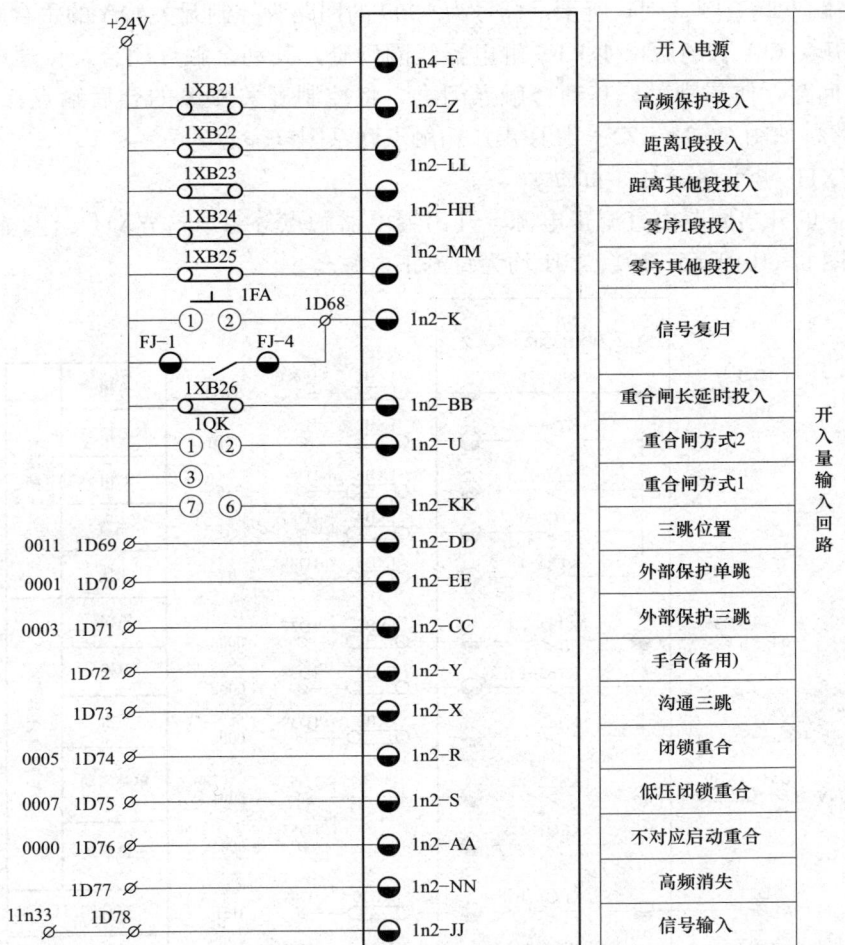

图6－9　WXH－802高频保护的开入回路图

（1）保护连接片的开入回路。高频保护连接片、距离Ⅰ段连接片、距离其他段连接片、零序Ⅰ段连接片、零序其他段连接片为功能连接片，分别由端子1n2－Z、1n2－LL、1n2－HH、1n2－MM输入WXH－802保护装置。

（2）信号复归的开入回路。信号复归的触点由端子1n4－F引入保护装置，保护装置"读取"端子的状态后，由软件将相应的信号复归。

标号为0011的回路为断路器三相跳闸位置继电器触点开入回路，在保护装置屏上的CZX－12R1操作箱内，由三相跳闸位置继电器触点串联而成，如图6－18　CZX－12R1操作箱触点联系图（六）所示；标号为0001的回路为外部保护装置的单相跳闸开入回路，由光纤差动保护RCS－931的开出回路引入，如图6－4　RCS－931保护装置的开出回路图（一）所示；标号为0003的回路为光纤差动保护RCS－931的三跳触点开入回路，如图6－4所示；标号为0005的回路为外部保护装置的三跳位置开入回路，由光纤差动保护RCS－931

的开出回路引入。图 6-9 中标号为 0007 的回路为断路器 SF$_6$ 压力监视继电器的触点开入回路，由 21KVP 的动断触点引入，如图 6-12 断路器 SF$_6$ 压力监视回路和图 6-13 CZX-12R1 操作箱触点联系图（六）所示；标号为 0009 的回路为控制开关 QA 的手合触点开入回路，当控制开关 QA 合闸后，使 KKJ 继电器线圈励磁，其动合触点闭合，接通中间继电器 3KC 的线圈回路，使其励磁，其动合触点闭合，将控制开关 QA 的合后触点输入 WXH-802 保护装置，如图 6-13 CZX-12R 操作箱触点联系图（一）。

（四）WXH-802 保护的开出回路

高频保护的开出回路由直流正电源、开出继电器触点等组成，WXH-802 高频保护的开出回路如图 6-10 所示，101、201 均为直流正电源。

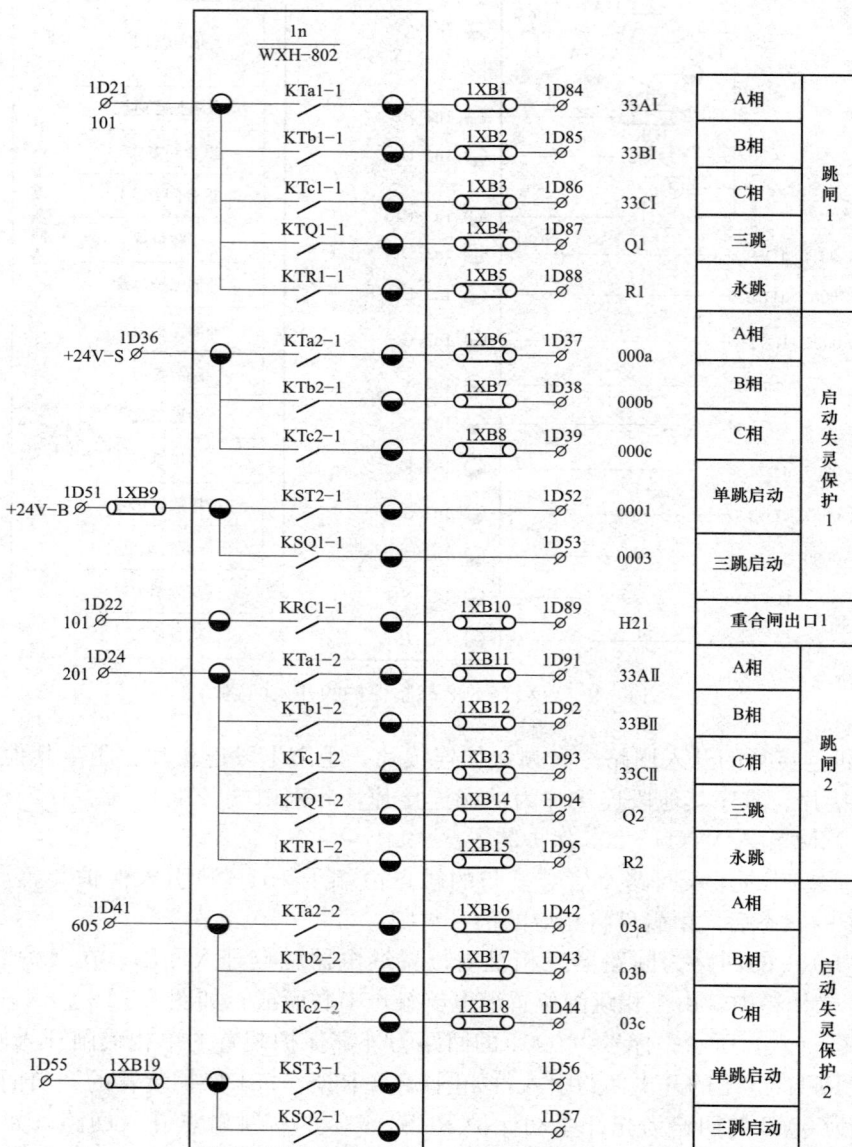

图 6-10　WXH-802 高频保护开出回路图

（1）分相跳闸开出回路。分相跳闸开出回路有两路，标号分别为 33AⅠ、33BⅠ、33CⅠ 和 33AⅡ、33BⅡ、33CⅡ，WXH-802 保护只用标号为 33AⅡ、33BⅡ、33CⅡ 回路，另一路备用。当保护装置动作后，需要单相跳闸出口时，保护装置驱动内部分相跳闸出口继电器，其动合触点 KTa-1、KTb-1、KTc-1 中任一路闭合，输出跳闸指令。

（2）三相跳闸开出回路。三相跳闸开出回路有两路，标号分别为 Q1、R1 和 Q2、R2，WXH-802 保护只用标号为 Q2、R2 回路，另一路备用。当保护装置动作后，需要三相跳闸出口时，保护装置驱动内部分相跳闸出口继电器，其动合触点 KTQ1-2、KTR1-2 闭合，输出三相跳闸指令。

标号为 R2 的为启动重合闸的三相跳闸开出回路，标号为 Q2 的三相跳闸开出回路为不启动重合闸的三相跳闸开出回路。Q2、R2 都由微机保护装置根据软件的判断进行相应的开出。

（3）启动失灵开出回路。启动失灵开出回路有两路，回路标号分别为 000a、000b、000c、0001、0003 和 03a、03b、03c。WXH-802 保护只用标号为 000a、000b、000c、0001、0003 回路，另一路备用。由图 6-10 可知，启动失灵开出回路串有高频闭锁保护 WXH-802 分相跳闸继电器动合触点 KTa2-1、KTb2-1、KTc2-1 和单跳继电器动合触点 KST2-1、三跳继电器动合触点 KSQ1-1。启动失灵开出回路同断路器失灵保护中的启动失灵继电器触点串联在一起，构成失灵保护的启动回路。

重合闸开出回路。标号为 H21，重合闸启动逻辑由保护装置的软件判断，跳闸后需要重合时由保护装置驱动内部重合闸出口继电器，其动合触点 KRC-1 闭合，输出重合闸指令。

（五）WXH-802 保护的信号回路

WXH-802 高频保护信号回路如图 6-11 所示，J701 端子接直流正电源，由 WXH-802 保护装置的内部信号继电器动作后闭合相应的触点报出各信号。

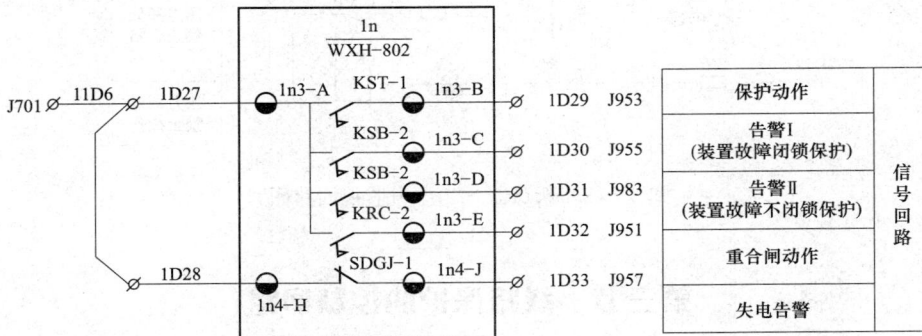

图 6-11　WXH-802 高频保护信号回路图

第二节　保护装置与断路器操作箱的二次回路

以第三章图 3-2 为例，说明 220kV 线路保护装置与断路器机构箱的二次回路，由图可知：

（1）4K1、4K2分别为操作箱CZX-12R中的一、二跳闸回路的直流控制电源，光纤差动保护RCS-931对应跳闸一回路，高频保护WXH-802对应跳闸二回路，两套跳闸回路对应220kV线路断路器的两个跳闸线圈。

（2）101、102和201、202为直流控制电源标号；7A、7B、7C为合闸回路标号；37AⅠ、37BⅠ、37CⅠ为跳闸一回路标号；37AⅡ、37BⅡ、37CⅡ为跳闸二回路标号；Q1、Q2和R1、R2分别为启动重合闸和不启动重合闸回路标号；21为手合或遥合回路标号；41为手跳或遥跳回路标号。

（3）光纤差动保护RCS-931跳闸回路33AⅠ、33BⅠ、33CⅠ分别为跳闸一回路的跳A、跳B、跳C回路；高频保护WXH-802的跳闸回路33AⅡ、33BⅡ、33CⅡ分别为跳闸二回路的跳A、跳B和跳C回路。

（4）母差保护和断路器失灵保护跳闸都不启动重合闸，故接入R跳闸回路。

（5）11KVP和22KVP为断路器SF_6压力回路的中间继电器（见图6-12）。

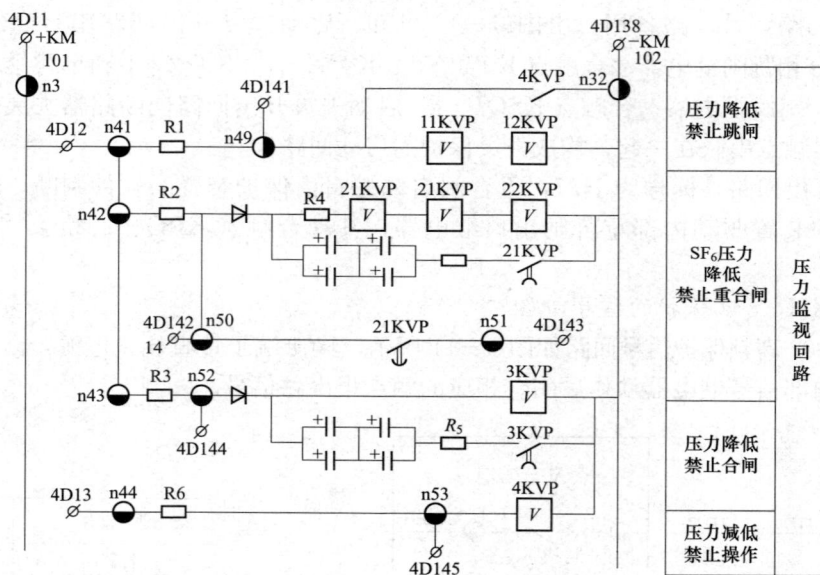

图6-12　断路器SF_6压力监视回路图

第三节　线路保护的控制回路

以第三章图3-2为例，说明220kV线路控制回路图，由图可知：

（1）操作箱中两套操作回路的直流电源分别来自两条不同的直流母线，彼此独立，控制回路中的保护装置只表示该保护的跳闸开出回路。

（2）每套线路保护装置有一套分相跳闸出口33AⅠ、33BⅠ、33CⅠ（或33AⅡ、33BⅡ、33CⅡ），一个启动重合闸跳闸出口Q1（或Q2），一个不启动重合闸跳闸出口R1（或R2）。对应线路保护装置RCS-931和WXH-802保护，启动重合闸跳闸出口Q1（或Q2）为三相跳闸出口，不启动重合闸跳闸出口R1（或R2）为永跳出口。

（3）母差保护和断路器失灵保护跳闸只有不启动重合闸跳闸出口 R1（或 R2），即永跳跳闸出口。

（4）手动分、合闸回路标号为 41 和 21，由测控屏上的手动分、合闸控制开关实现。

（5）由操作箱到断路器机构箱的合闸回路标号为 7A、7B、7C，跳闸回路标号为 37A Ⅰ、37B Ⅰ、37C Ⅰ（或 37A Ⅱ、37B Ⅱ、37C Ⅱ）。

（6）SF$_6$ 压力降低闭锁跳、合闸回路的标号为 14，来自断路器操动机构，见图 6 - 12。

一、断路器 SF$_6$ 闭锁回路

在断路器操动机构中配置 SF$_6$ 闭锁回路，在保护装置的操作箱中一般也配置断路器 SF$_6$ 压力闭锁回路。两套压力闭锁回路一般只用操动机构中的 SF$_6$ 闭锁回路来闭锁分、合闸，但作为操作箱中的一种重要回路，下面介绍其基本原理。

图 6 - 12 为 CZX - 12R 型操作箱中的压力闭锁回路，在标号为 14 的回路中接入 SF$_6$ 闭锁继电器的动合触点。

正常运行时，回路 1：＋KM→电阻 R1→11KVP 线圈→12KVP 线圈→－KM 接通。

回路 2：＋KM→电阻 R2→电阻 R4→21KVP 线圈→21KVP′线圈→22KVP 线圈→－KM 接通。

回路 3：＋KM→电阻 R3→3KVP 线圈→－KM 接通。

11KVP 的动合触点闭合，开放跳闸回路（将直流正电源接入回路）；22KVP 的延时动合触点闭合，开放重合闸回路（将直流正电源接入回路）；3KVP 的延时动合触点闭合，开放合闸回路（将直流正电源接入回路）。

用 21KVP（或 3KVP）的延时动合触点构成的并联回路起到分流作用。

从端子 4D141、4D142（标号 14）、4D144、4D145 分别引入断路器 SF$_6$ 压力监视回路，当断路器 SF$_6$ 泄漏时，密度继电器动作，－K03 和－K13 动合触点闭合。回路：＋KM→电阻 R2→端子 4D142→－K03 和－K13 动合触点→－KM 接通。回路 2：被短接，22KVP 线圈失磁，22KVP 的动合触点断开，切断重合闸回路。

在端子 4D141 和 4D144 分别接入断路器 SF$_6$ 密度继电器的监视回路，即可闭锁跳闸和合闸。

二、手合或遥合回路

220kV CZX - 12R 操作箱触点联系图（一）如图 6 - 13 所示。

1. 合闸回路

现以 A 相为例，分析手合或遥合动作过程。断路器 SF$_6$ 压力正常，图 3 - 2 中的 11KVP 的动合触点在闭合位置（操作箱中断路器 SF$_6$ 闭锁分、合闸回路若不启用，其相应回路直接连通）。断路器在跳闸位置，22KCFa 电流线圈在失磁状态，其动合触点在断开位置，1KCTa、2KCTa 电压线圈在失磁状态，其动断触点在闭合位置，其动合触点在断开位置，如图 6 - 14 所示。当手合或遥合触点闭合后，图 6 - 13 中手合继电器 1KHC、21KHC、22KHC、23KHC 线圈励磁，图 6 - 14 中 1KHC 的动合触点闭合。回路：101（正电源）→11KVP 动合触点（闭合）→1KHC 动合触点（闭合）→KHCa 线圈→1KCFa 动断触点（闭合）→2KCFa 动断触点（闭合）→7A（断路器合闸回路，接负电源）接通。断路器合闸，断路器合闸后，辅助开关触点转换（手合或遥合触点保持一定延时后也打开），将合闸回路切断，断路器完成合闸。

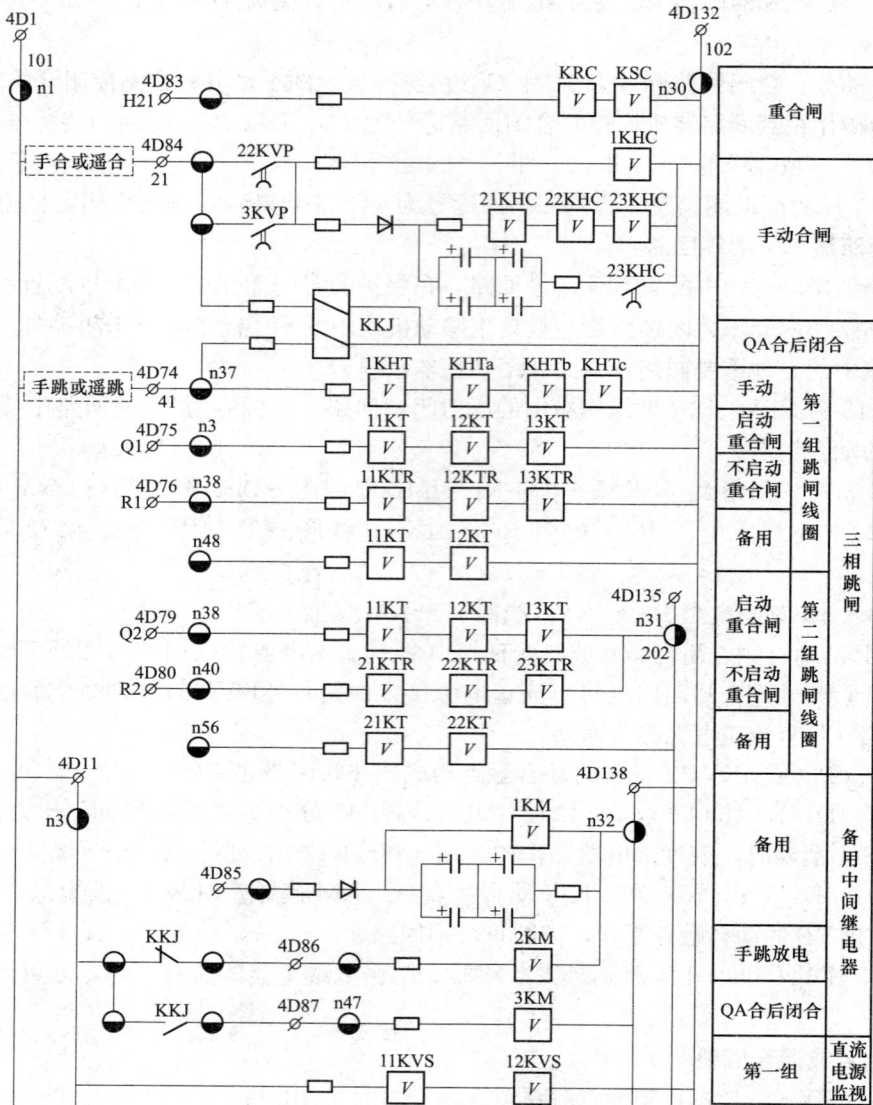

图 6-13　CZX-12R 操作箱触点联系图（一）

在合闸回路中接入两个并联的 1KCFa 动断触点和两个并联的 2KCFa 动断触点是为了更可靠。

2. 跳位监视回路

用于监视断路器跳闸后操动机构中合闸回路的完好性。如图 6-14 所示，跳位监视回路由三个跳位继电器 1KCTa、1KCTb、1KCTc 和操动机构的断路器跳闸回路组成。以 A 相为例，跳位监视回路由 101（正电源）、1KCTa、2KCTa、3KCTa 和操动机构的跳闸回路组成（回路号 7A）。A 相断路器合闸后，其辅助开关切换，合闸回路断开，跳闸位置继电器 1KCTa、2KCTa、3KCTa 失磁，其动断触点闭合。若操动机构中的跳闸回路有断开点，则 11KCCa、12KCCa 继电器失磁，其动断触点闭合，报出第一组控制回路断线，如图 6-19 所示。

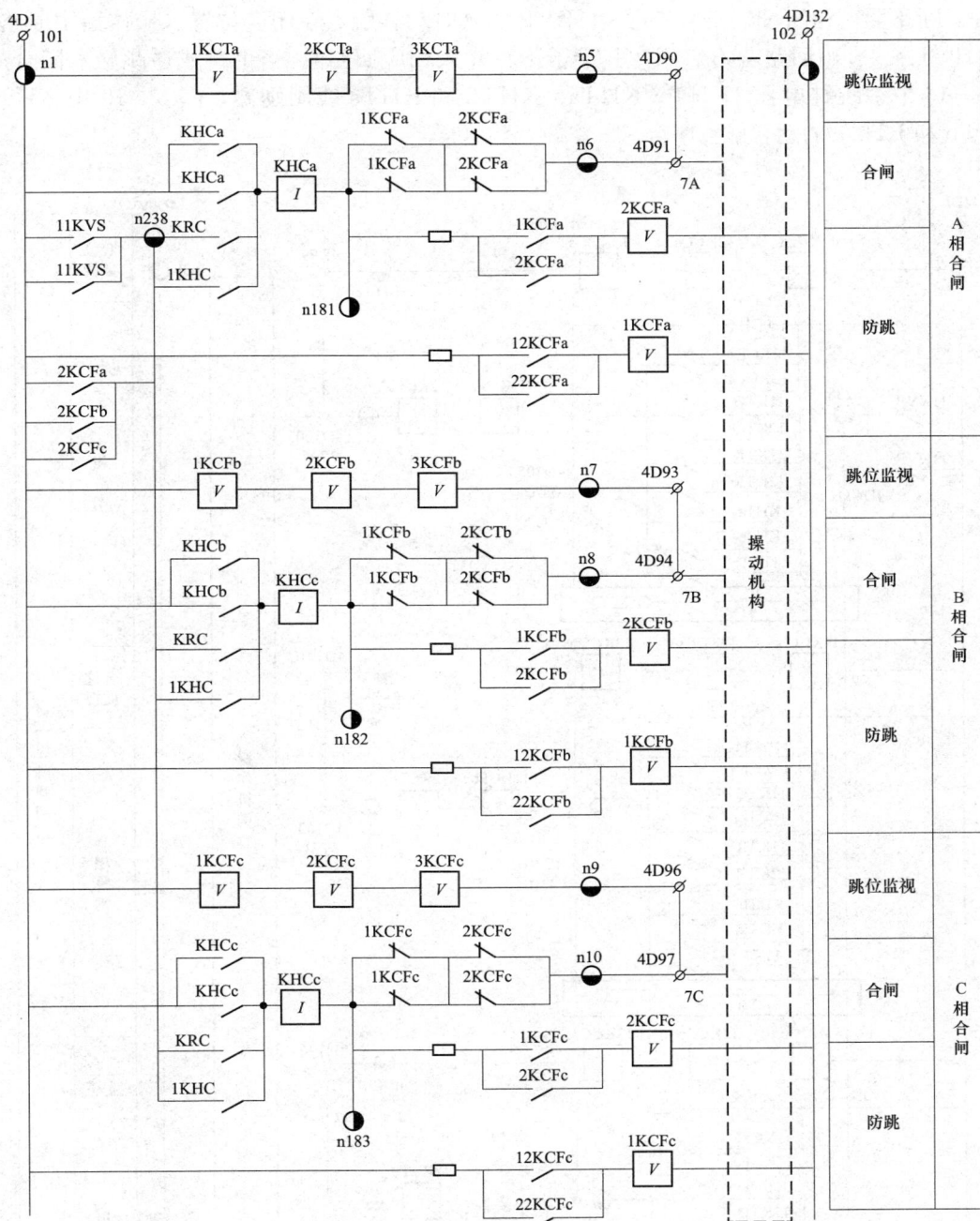

图 6-14 CZX-12R 操作箱触点联系图（二）

1KCTa、2KCTa 和 3KCTa 都为电压继电器，虽然连接操动机构的合闸回路，但其内阻较大，监视回路处于"开路"状态，不会引起操动机构合闸。

三、手跳或遥跳回路

1. 跳闸回路

图 6-15 为 CZX-12R 操作箱触点联系图（三）。现以 A 相为例，分析手跳或遥跳动作

过程。断路器三相的 SF_6 压力正常，11KVP 的延时动合触点在闭合位置（操作箱中断路器 SF_6 闭锁分、合闸回路若不启用，其端子不再介入相应回路）。当手跳或遥跳触点闭合后，图 6-13 中手跳继电器 1KHT、KHTa、KHTb 和 KHTc 线圈励磁，图 6-15 中 KHTa、KHTb 和 KHTc 的动合触点闭合。

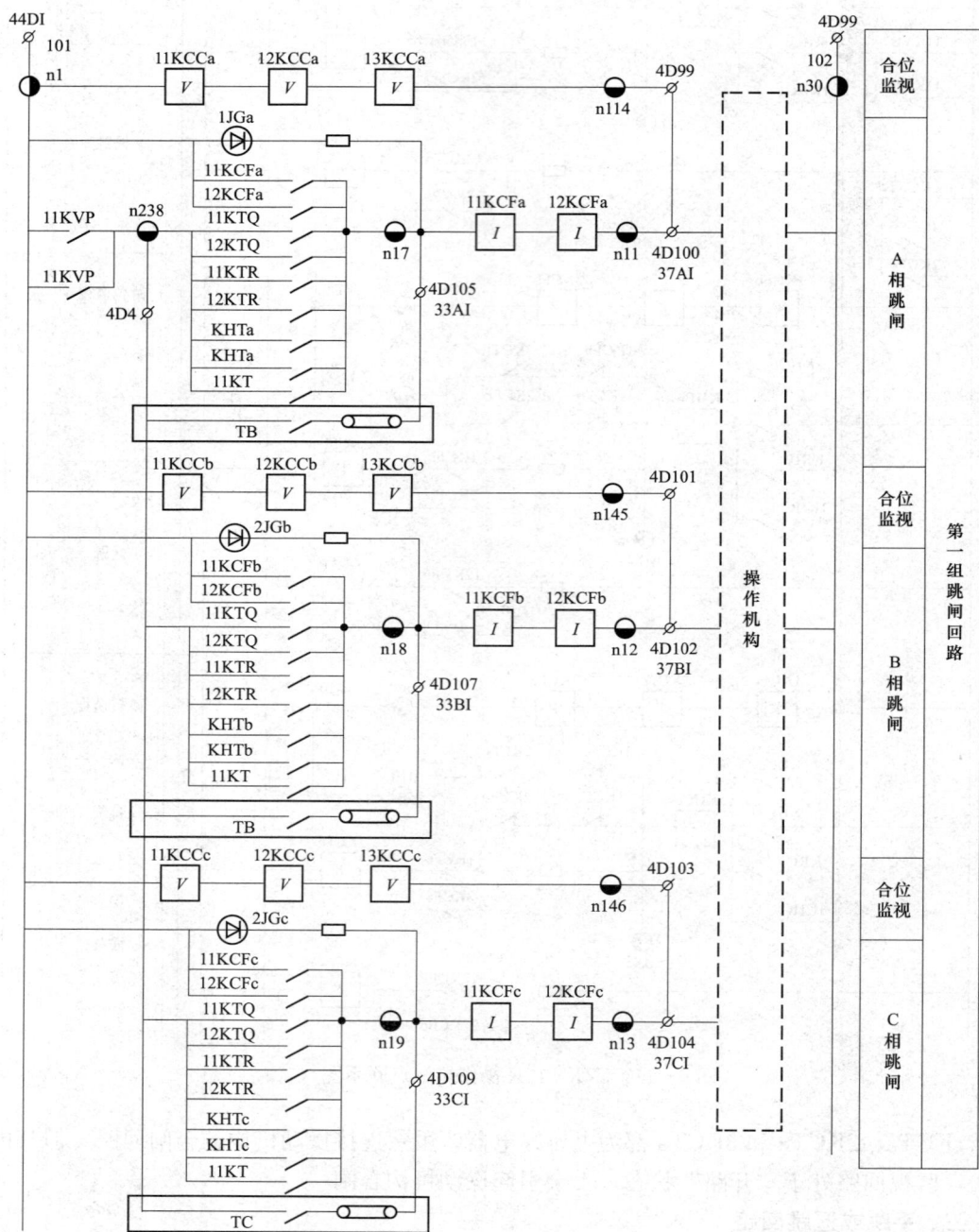

图 6-15　CZX-12R 操作箱触点联系图（三）

回路：101（正电源）→11KVP 动合触点（闭合）→KHTa 动合触点（闭合）→11KCFa 线圈→12KCFa 线圈→37AI→负电源，断路器跳闸回路接通，断路器跳闸如图 6-15 所示，其辅助开关触点转换，将跳闸回路切断（手跳或遥跳触点保持一定延时后也打开）。

2. 合位监视回路

用于监视断路器合闸后操动机构中合闸回路的完好性。如图 6-15 所示，合位监视回路由三个合闸位置继电器（简称合位继电器）11KCCa、12KCCa、13KCCa 和操动机构的断路器合闸回路组成。以 A 相为例，合位监视回路由 101（正电源）、11KCCa、12KCCa、13KCCa 和操动机构的合闸回路组成（回路号 37A）。A 相断路器分闸后，其辅助开关切换，跳闸回路断开，合闸位置继电器 11KCCa、12KCCa、13KCCa 失磁，其动断触点闭合。若操动机构中的跳闸回路有断开点，则跳位继电器 1KCTa、2KCTa、3KCTa 继电器失磁，其动断触点闭合，报出第一组控制回路断线，如图 6-19 所示。

11KCCa、12KCCa、13KCCa 都为电压继电器，虽然连接操动机构的跳闸回路，但其内阻较大，监视回路处于"开路"状态，不会引起操动机构跳闸。

四、操作箱中防跳跃回路

如图 6-14 CZX-12R 操作箱触点联系图（二）所示，现以 A 相为例，分析操作箱中防跳跃回路的作用。在断路器的跳闸回路中串接有防跳跃继电器的电流线圈 22KCFa，在合闸回路中串有防跳跃继电器 1KCFa、2KCFa 的电压线圈的动断触点。断路器跳闸回路接通后，防跳跃继电器的电流线圈 1KCFa 励磁，其动合触点闭合。

回路：101（正电源）→1KCFa 动合触点（闭合）→1KCFa 电压线圈→102（负电源）接通。1KCFa 电压线圈动断触点断开，切断断路器的合闸回路，防止手合（或遥合）、手合继电器触点粘连出线断路器反复跳、合闸现象。

五、重合闸回路

保护装置对采集来的电压、电流等电气量进行逻辑判断后若需跳闸或重合，则驱动相应的出口继电器，出口继电器的动合触点闭合，接通外部回路，完成跳闸或重合闸的操作。

保护装置的跳闸命令有单相跳闸和三相跳闸命令。三相跳闸命令又分启动重合闸的三相跳闸命令和不启动重合闸的三相跳闸命令。

如图 6-13 为 CZX-12R 操作箱触点联系图（一）。现以 A 相跳闸为例，分析重合闸动作过程。A 相跳闸，保护装置驱动 A 相出口继电器，出口继电器的动合触点 TA 闭合（TA 触点同手跳继电器触点 KHTa 并接在一起，如图 6-16 所示），接通 A 相跳闸回路，重合闸方式开关在"单相重合"位置时，由保护装置判断并驱动重合闸出口继电器，接通重合闸回路（回路标号 H21），由重合闸继电器 KRC 实现跳闸相的单相重合。

启动重合闸的三相跳闸：保护装置驱动三相出口继电器，其触点 TA、TB、TC 闭合，接通操作箱中启动重合闸的三相跳闸回路（回路标号 Q1 或 Q2），11KTQ、12KTQ、13KTQ 继电器励磁，其动合触点闭合（11KTQ、12KTQ 触点同每项手跳继电器触点 KHT 并接在一起），实现三相跳闸。重合闸方式开关在"三相重合"位置时，由保护装置判断并驱动重合闸出口继电器，接通重合闸回路（回路标号 H21），由重合闸继电器 KRC 实现跳闸相的三相重合。

不启动重合闸的三相跳闸：保护装置驱动三相出口继电器（永跳出口），其触点 TA、TB、TC 闭合，启动操作箱中的三相跳闸回路（回路标号 R1 或 R2），11KTR、12KTR、

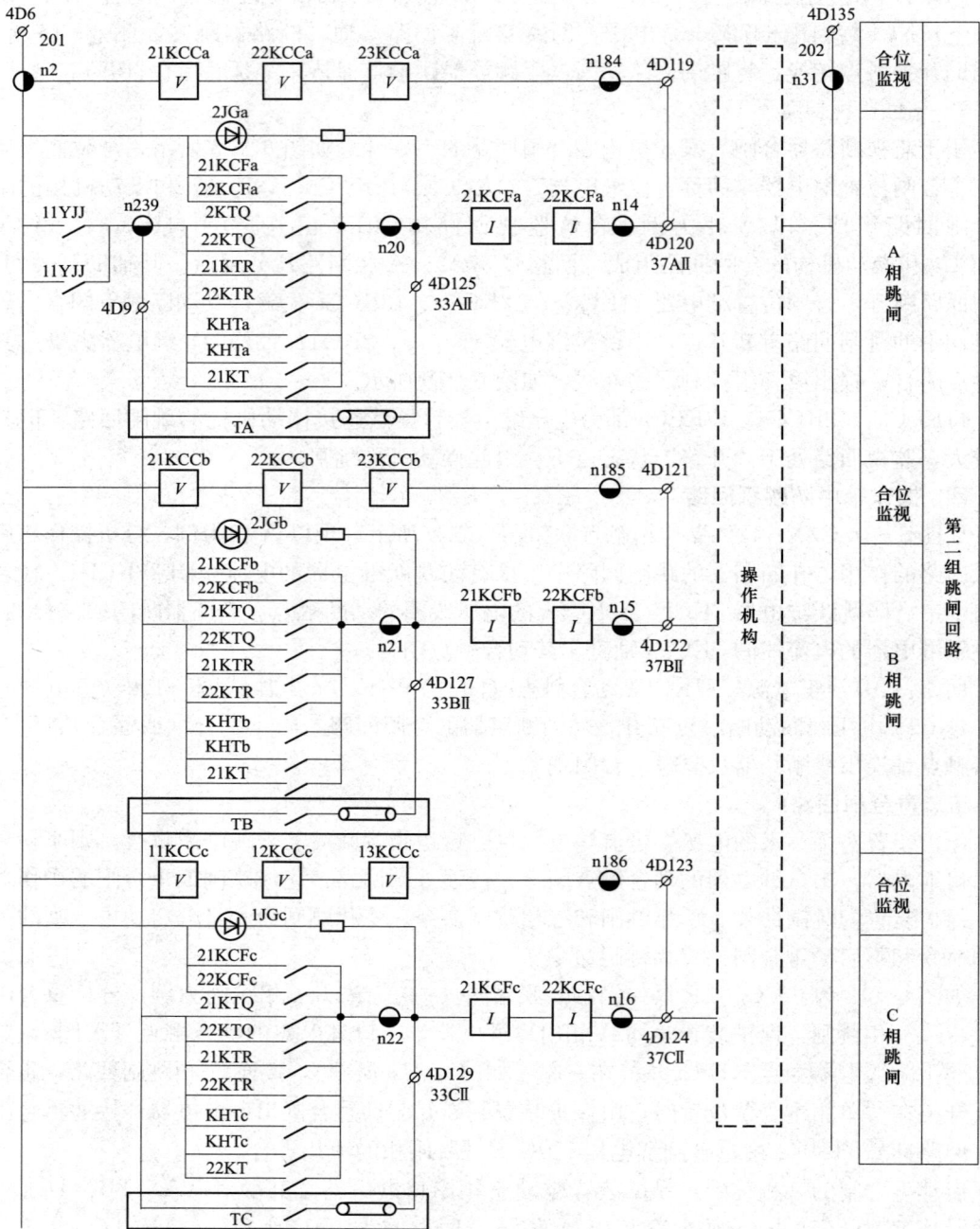

图 6-16 CZX-12R 操作箱触点联系图（四）

13KTR 继电器励磁，其动合触点闭合（11KTR、12KTR 触点同每项手跳继电器触点 KHT 并接在一起），实现三相跳闸。

闭锁重合闸：保护装置在启动永跳回路（不启动重合闸的三相跳闸）时，还要由 11KTR（第一套保护三跳出口继电器）、21KTR（第二套保护三跳出口继电器）的动合触点和手合继电器 21KHC（手合到改造线路时不应启动重合闸）的延时动断触点作为开入量引入保护装置，作为闭锁重合闸的判据，如图 6-18 中的闭锁重合闸回路。

六、其他回路

（一）和 RCS-931 保护装置配合的回路

CZX-12R 操作箱触点联系图（五）如图 6-17 所示，"断路器跳闸位置"回路（端子号 4D43、4D44、4D45）、"压力低闭锁重合闸"回路（端子号 4D46）、"其他保护动作远跳"回路（端子号 4D41、4D42）都作为开入量引入 RCS-931 保护，RCS-931 保护装置的开入回路如图 6-3 所示。

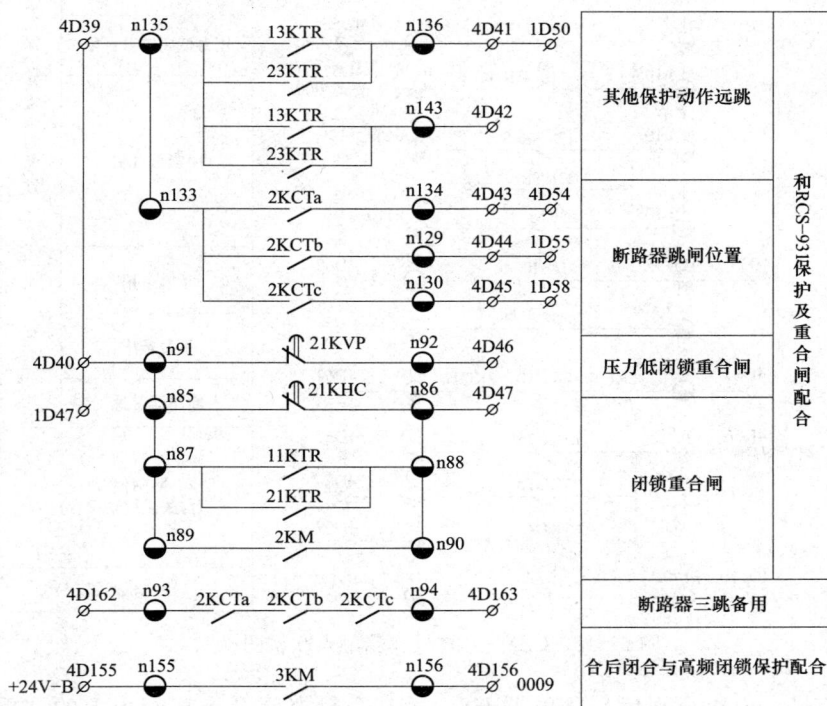

图 6-17 CZX-12R 操作箱触点联系图（五）

（二）和 WXH-802 保护装置配合的回路

如图 6-18 所示 CZX-12R 操作箱触点联系图（六）中，"压力低闭锁重合闸"回路（回路标号 0007）、"闭锁重合闸"回路（回路标号 0005）和"断路器三跳"作为开入量引入 WXH-802 保护。

（三）信号回路

CZX-12R 操作箱信号回路（一）如图 6-20 所示，跳闸信号由跳闸信号继电器报出。因保护装置的跳闸命令时间较短，断路器跳闸后，其辅助开关切换切断跳闸回路，故由串接在跳闸回路中的防跳跃继电器电流线圈的动合触点 11KCF 闭合启动跳闸信号继电器 1KST 第一组线圈，启动后由跳闸信号继电器的动合触点闭合进行回路自保持，点亮面板上的跳闸指示灯。在跳闸信号继电器的回路中串接手跳继电器的动断触点是为了断路器手跳时闭锁跳闸信号回路，即手动分闸不报跳闸信号。

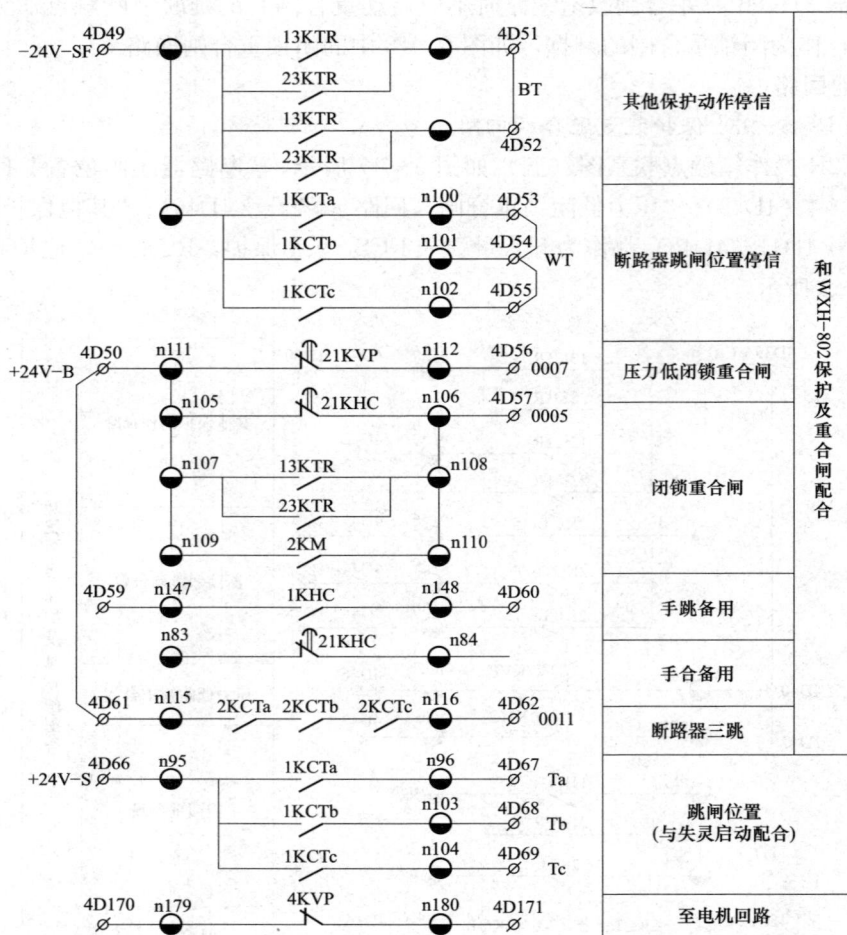

图 6-18　CZX-12R 操作箱触点联系图（六）

重合闸信号：由重合闸信号继电器 KSC 的动合触点闭合点亮面板上的"重合闸动作"指示灯。

复归信号：按下复归按钮 4FA，信号继电器 1KST 的第二组线圈励磁，将其动合触点可靠断开。

图 6-21 是 CZX-12R 操作箱中的第二组跳闸信号，与图 6-20 中的第一组跳闸信号的动作过程和动作原理一样。

CZX-12R 操作箱信号回路（三）如图 6-22 所示，控制回路断线信号：由断路器的跳位继电器和合位继电器的动断触点串接而成，在断路器的合闸回路或跳闸回路有断开点时，即报出控制回路断线。

控制电源断线信号：在两组控制电源上分别接有电压继电器。当控制电源断线或失电时，其动断触点闭合，报出控制电源断线信号，如图 6-22 所示。

压力降低禁止重合信号：由断路器 SF_6 压力监视回路中 22KVP 电压继电器报出，如图 6-22 所示。

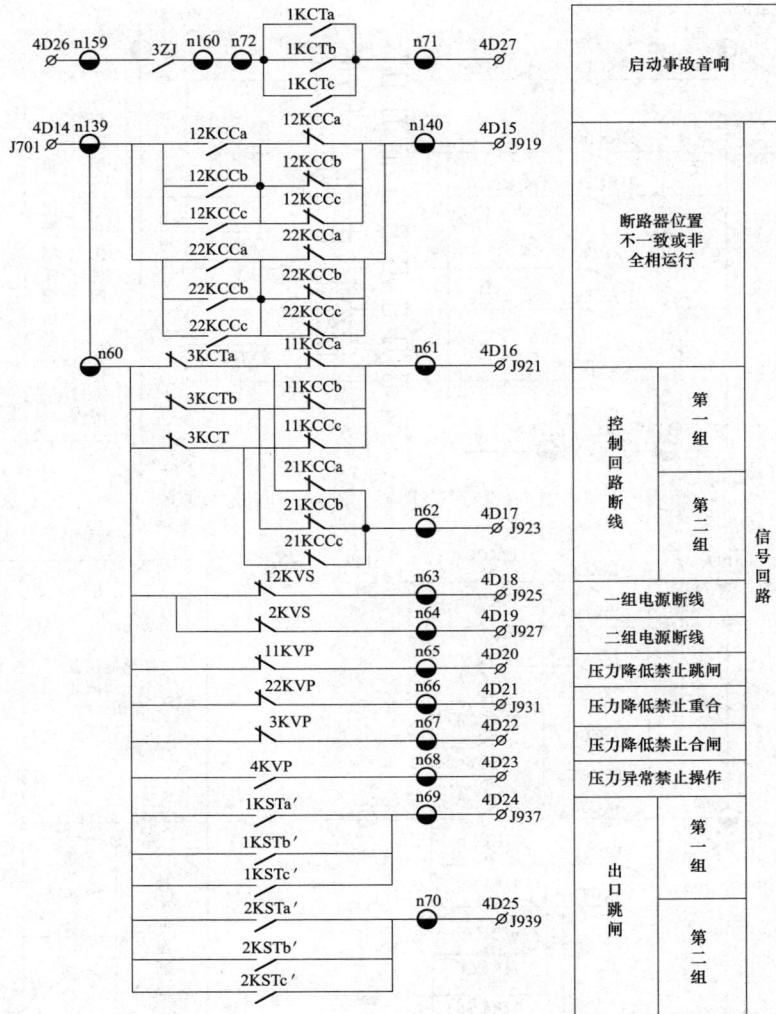

图 6-19　CZX-12R 操作箱触点联系图（七）

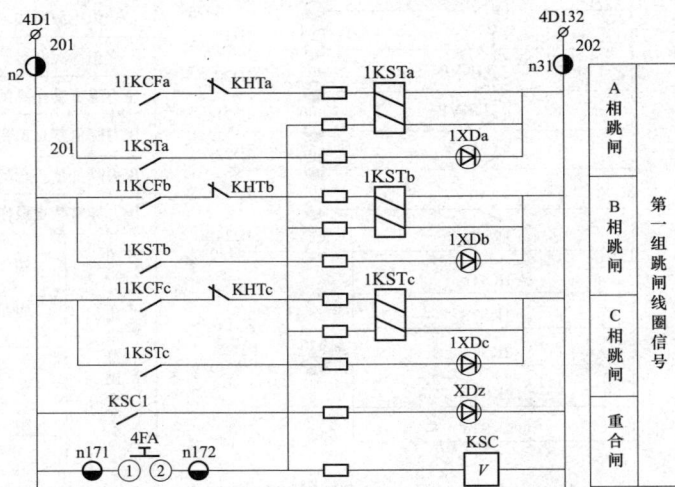

图 6-20　CZX-12R 操作箱信号回路（一）

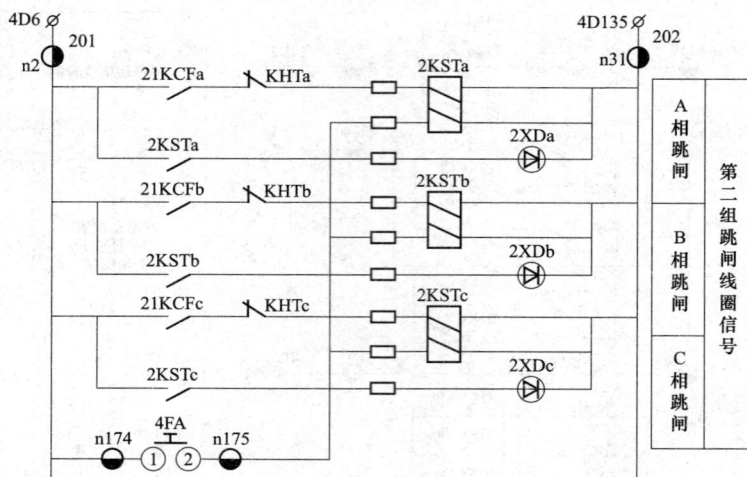

图 6-21　CZX-12R 操作箱信号回路（二）

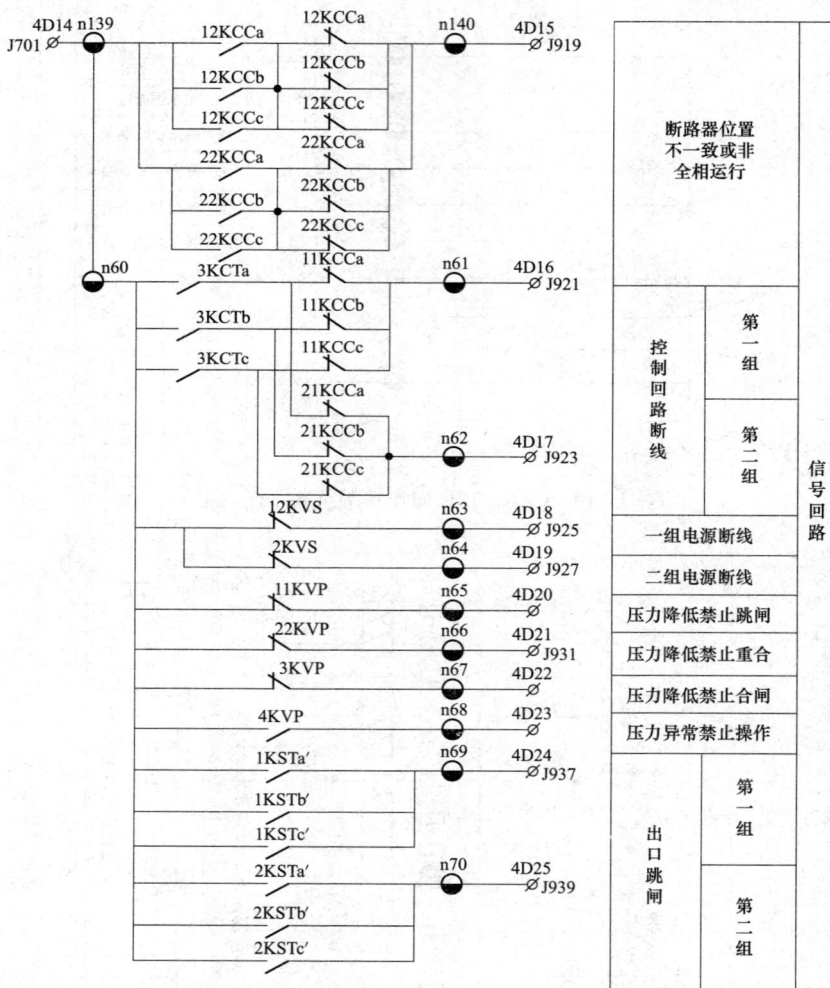

图 6-22　CZX-12R 操作箱信号回路（三）

思　考　题

1. 简述 220kV 线路与 110kV 线路二次接线的主要区别。
2. 简述南瑞 RCS‐931 保护的电压切换回路的工作原理。
3. RCS‐931 保护装置的开出回路包括哪些回路?
4. 简述断路器 SF_6 闭锁回路的作用及工作原理。
5. 以 CZX‐12R 操作箱为例, 分析手合、手跳合动作过程。
6. 简述操作箱中防跳跃回路的作用及工作原理。
7. 简述重合闸的分类及单相重合时的动作过程。

第七章 自动装置二次回路

电力系统自动装置是电力系统安全稳定运行的可靠保证,是发电厂、变电站综合自动化的基础。本章主要通过对二次回路图的图例分析,介绍同期回路、备自投回路、低频减载回路和稳定装置回路故障录波装置二次回路。

第一节 同 期 回 路

在发电机投入电力系统并列运行时,必须完成一定的操作,这种操作称为同期并列或并列操作。发电机非同期投入电力系统,会引起很大的冲击电流,不仅会危及发电机本身,甚至可能使整个系统的稳定受到破坏。

一、同期电压的引入回路

在准同期操作时,需要检测同期电压是否满足并列条件。同期电压是同期点断路器两侧电压经过电压互感器变换和二次回路切换后大小频率相等、相位相同的交流电压,为了全厂(站)配用一套同期装置,需要把同期电压引到同期电压小母线上。所以,通常把同期电压小母线上的二次电压称为同期电压。同期电压的引入方式(即同期电压小母线的数目)与同期系统采用的接线方式有关。

目前,发电厂同期装置通常采用单相接线方式。一般电压互感器的二次侧线电压为100V,相电压为$100V/\sqrt{3}$(57.7V)。在电压互感器二次绕组 B 相接地系统中,可选取线电压U_{ab}(额定幅值100V)。在电压互感器二次绕组中性点接地系统中,可选取相电压(额定幅值57.7V),也可选取线电压U_{ab}(额定幅值100V)。

1. 发电机出口断路器同期电压的引入

选取发电机出口断路器两侧 TV 相同的线电压信号或相同的相电压信号引入同期装置即可,如图 7-1 所示。

2. 主变压器高压侧断路器同期电压的引入

由于主变压器多采用 Yd11 接线型,高压侧比低压侧的相位超前了30°。选取两侧 TV 相同的线电压信号或相同的相电压信号,需在自动同期装置中对低压侧的 TV 信号补偿+

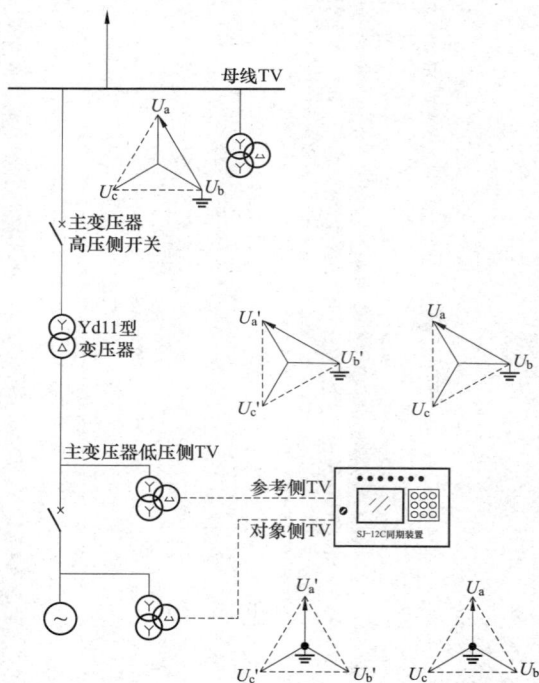

图 7-1 发电机出口断路器同期电压的引入

30°，如图 7-2 所示。在手动准同期回路中，需通过转角变压器将高压侧电压转角 30°后才能接入检测回路中，如图 7-3 所示。

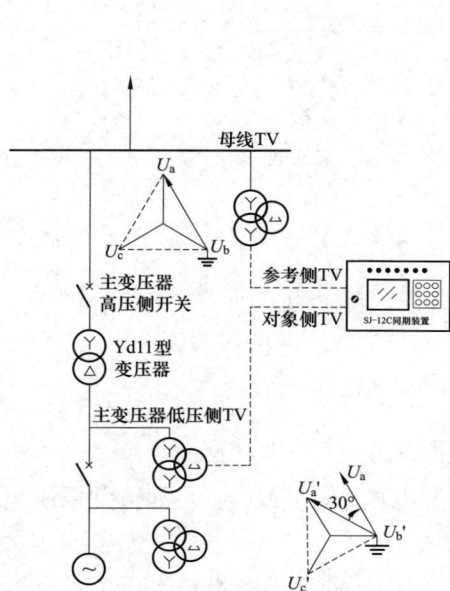

图 7-2　主变压器高压侧断路器同期
电压的引入（自动准同期回路）

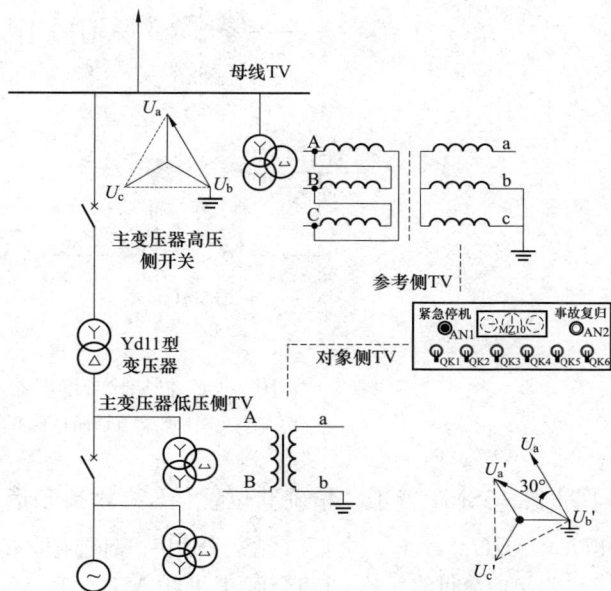

图 7-3　主变压器高压侧断路器同期
电压的引入（手动准同期回路）

二、同期闭锁回路

在手动准同期并列操作过程中，为了防止运行人员误操作而造成非同期并列，同期系统一般采取以下措施。

（1）同期点断路器之间应相互闭锁。为了避免同期电压回路混乱而引起非同期并列，在并列操作的时间内，同期电压小母线只能取代待并的断路器两侧同期电压。为此，每个同期点断路器均装有同期开关，并共用一个可抽出的手柄，此手柄只有在"断开"位置时才能抽出。以保证在同一时间内，只允许对一台同期点断路器进行并列操作。

（2）同期装置之间应相互闭锁。发电厂或变电站可能装有两套及以上不同原理构成的同期装置。为了保证在同一时间内只投入一套同期装置，一般通过同期选择开关来实现，并共用一个可抽出的手柄。

（3）手动调频（或调压）与自动均频（或均压）回路应相互闭锁。

1）在待并发电机控制屏上手动调频（或调压）时，应切除集中同期屏上的手动调频（或调压）回路。

2）手动调频（或调压）时，应切除自动均频（或均压）回路。

3）自动调频（或调压）装置和集中同期屏上的手动调频（或调压）装置，每次只允许对一台发电机进行调频（或调压）。

（4）闭锁继电器。为了防止在不允许的相角差下误合闸，通常在手动准同期合闸回路中装设闭锁误合闸的同期检查继电器。同期检查继电器 KY 的交、直流电路如图 7-4 所示。

1）交流回路。同期检查继电器平时不工作，SSM1 处于"断开"位置，只有在手动准

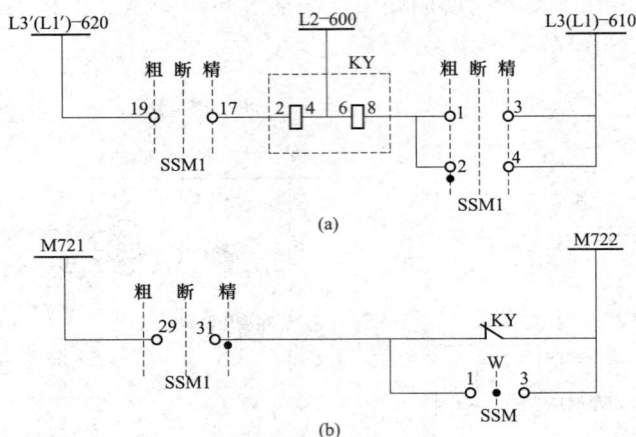

图 7-4 同期检查继电器的交、直流回路

(a) 交流回路；(b) 直流回路

同期时将 SSM1 置于"精确"位置，KY 才接于运行系统电压$\dot{U}_{C'B}$（或$\dot{U}_{A'B}$）和待并系统电压$\dot{U}_{CB}$（或$\dot{U}_{AB}$）上。全厂（站）公用一只同期检查继电器。

2）直流回路。在同期合闸小母线 M721 和 M722 之间串接同期检查继电器 KY 的动断触点。当运行系统与待并发电机电压的相角差大于 KY 的动作整定值时，其动断触点断开，不允许发出合闸脉冲，这就防止了在允许相差角范围之外断路器误合闸。图中，SSM 为解除手动准同期开关，平时此开关触点是断开的，在不需要同期操作的情况下，如系统无电压或电厂停发、系统倒供厂用电等情况，将 SSM 投入；SSM1-3 触点短接 KY 触点，就解除了同期闭锁，同时只要将 SSM 置于"精确"位置，断路器就能合闸。

三、变电站测控同期回路

在综合自动化变电站中，手动同期合闸功能设置在测控装置中，运行人员可以在测控装置上或者在变电站后台机上，实现手动就地同期合闸或远方遥控同期合闸。重合闸同期功能设置在保护屏上，当线路瞬时性故障保护跳闸后，可以实现重合闸装置的同期合闸。本节重点叙述手动同期回路。

对于线路间隔来说，若实现同期合闸功能，首先要有抽压 TV，一般安装在线路接地开关外侧 A 相导线上，线路侧一次电压转变成二次电压。同期合闸时，将该间隔母线电压 A 相二次值与抽压 TV 二次电压值进行比较，如果满足同期定值中对电压、频率和相角的要求，测控装置开出触点导通，开关同期合闸，其原理如图 7-5 所示。

综合自动化变电站测控装置同期合闸二次回路如图 7-6 所示，在满足五防条件的前提下，可以实

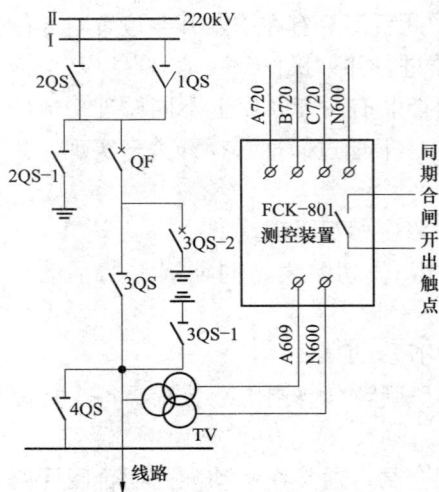

图 7-5 同期合闸原理示意图

现断路器的同期或非同期遥控及手动分、合闸。在"远方"状态时，9QA 的③、④触点导通，如果 9XB2"遥控投入"连接片在合位，则可以在后台机上对断路器进行遥控分、合，合闸时 219 与 220 之间的触点导通，分闸时，219 与 221 之间的触点导通，从而实现远方分、合。在"就地"状态时，9QA 的①、②触点和⑤、⑥触点导通，可在测控屏上对断路器进行就地手动分、合。当需要手动同期合闸时，将同期转换开关 9TK 打在"同期"位置，其①、②触点导通，在满足同期条件的情况下，测控装置内的 222 端子和 223 端子之间的同期判别触点导通，同期合闸成功。

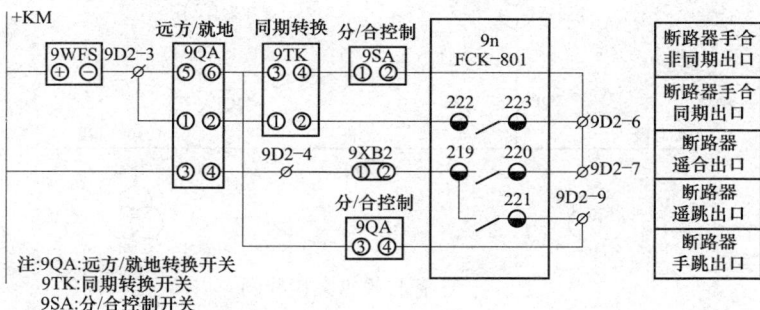

图 7-6 综合自动化变电站测控装置同期合闸二次回路图

第二节 备用电源自动投入回路

一、备用电源自动投入装置（简称备用投）的动作过程及逻辑框图

备自投装置由主变压器备自投、母联备自投和进线备自投组成。

（1）若正常运行时，一台主变压器带两段母线并列运行，另一台主变压器作为明备用，采用主变压器备自投。

（2）若正常运行时，每台主变压器各带一段母线，两主变压器互为暗备用，采用母联开关备自投。

（3）若正常运行时，主变压器带母线运行，两路电源进线作为明备用，两段母线均失压投两路电源进线，采用进线备自投。

（一）主变压器备自投

备自投方案接线如图 7-7 所示，1 号主变压器运行，2 号主变压器备用，即 1QF、2QF、5QF 在合位，3QF、4QF 在分位，当 1 号主变压器电源因故障或其他原因断开，2 号变压器备用电源自动投入，且只允许动作一次。

1. 动作过程

充电完成后，Ⅰ母线、Ⅱ母线均无电压，高压侧任意母线有电压，1 号变压器低压侧无电流，延时跳开 1 号变压器高、低压侧开关 1QF 和 2QF，联切低压侧小电源线路。确认 2QF 跳开后，经延时合上 2 号变压器高压侧开关 3QF，再经延时合 2 号变压器低压侧开关 4QF。

如图 7-7 所示，当充电完成后，1 号变压器低压侧开关 2QF 跳开，Ⅰ母线、Ⅱ母线均无电压，高压侧任意母线有电压（检高压侧母线电压控制字投入），1 号变压器低压侧无电流，且加速备投控制字投入则经延时 T_{jsbzt} 跳 1 号变压器高、低压侧开关 1QF 和 2QF，确认

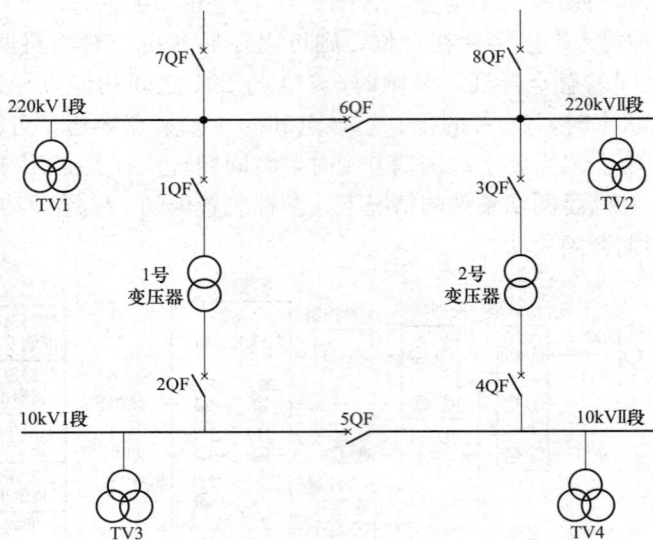

图 7-7　备自投方案接线图

2QF 跳开后经 T_{h2} 延时合上 2 号变压器高压侧开关 3QF，再经 T_{h3} 延时合 2 号变压器低压侧开关 4QF。如果启动跳 2QF 且 2QF 合位不消失，经 T_{jt} 延时报"1 号变压器拒跳"，并对备投放电。

2. 2 号主变压器备自投动作逻辑框图

2 号主变压器备自投动作逻辑框图如图 7-8 所示。

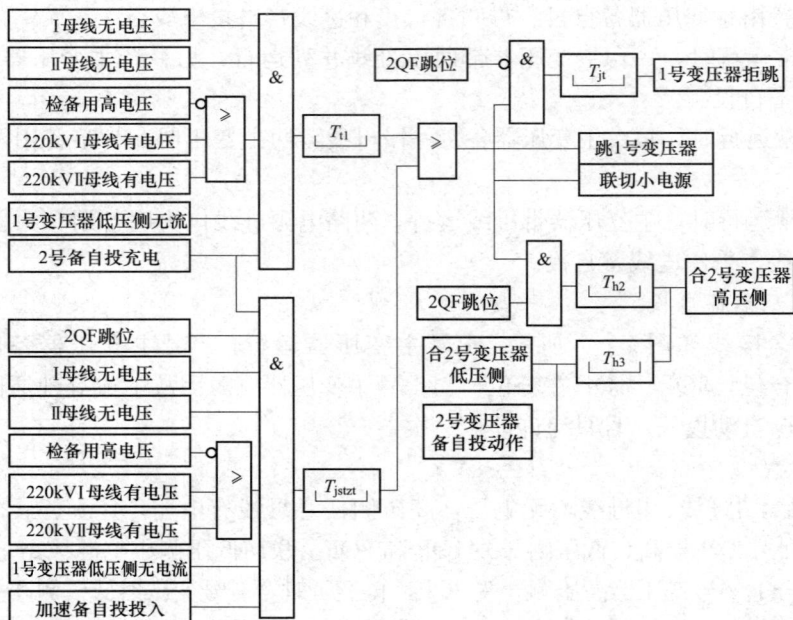

图 7-8　2 号主变压器备自投动作逻辑框图

（二）母联备自投

当两段母线分列运行时，装置选择母联备自投方式，采用两种方式的低压启动母联开关备自投及母联偷跳方式启动母联开关备自投。

1. 动作过程

（1）方式 1。如图 7-7、图 7-9 所示，Ⅰ母线无电压、1 号变压器低压侧无电流，Ⅱ母线有电压，延时 T_{t1} 后跳开 1 号变压器高、低压侧开关 1QF 与 2QF，联切Ⅰ母线小电源线路及负荷，确认 2QF 跳开后，经延时 T_{h1} 合上 5QF。

装置设置"加速备投"投退控制字。当充电完成后，1 号变压器高、低压侧开关 1QF 与 2QF 跳开，Ⅰ母线无电压、1 号变压器低压侧无电流，Ⅱ母线有电压，加速备投控制字投入，跳 1 号变压器高、低压侧开关 1QF 与 2QF，联切小电源线路及负荷。确认 2QF 跳开后，经延时 T_{h1} 合上 5QF。

如果启动跳 2QF 且 2QF 合位不消失，经 T_{jt} 延时报"1 号变压器拒跳"，同时备投放电。

（2）方式 2。如图 7-7、图 7-9 所示Ⅱ母线无电压、2 号变压器低压侧无电流，Ⅰ母线有电压，延时 T_{t2} 后跳开 2 号变压器高、低压侧开关 3QF 与 4QF，联切Ⅱ母线小电源线路及负荷。确认 4QF 跳开后，经延时 T_{h1} 合上 5QF。

装置设置"加速备投"投退控制字。当充电完成后，2 号变压器高、低压侧开关 3QF 与 4QF 跳开，Ⅱ母线无电压、2 号变压器低压侧无电流，加速备投控制字投入，跳 2 号变压器高、低压侧开关 3QF 与 4QF，联切小电源线路及负荷。确认 4QF 跳开后，Ⅰ母线有电压，经延时 T_{h1} 合上 5QF。

如果启动跳 4QF 且 4QF 合位不消失，经 T_{jt} 延时报"2 号变压器拒跳"，同时备投放电。

2. 母联备自投动作逻辑框图

母联备自投动作逻辑框图如图 7-9 所示。

（三）进线备自投

1. 动作过程

（1）方式 1：变压器备自投不成功。如图 7-7、图 7-10 所示，Ⅰ母线、Ⅱ母线均无电压，1、2 号主变压器低压侧均无电流，则经延时 T_{tb1}（躲过变压器备自投动作时间）跳 1、2 号主变压器低压侧开关 2QF 和 4QF 以及母联开关 5QF，并联切小电源线路及负荷，确认 2QF、4QF 和 5QF 开关均跳开后，经整定延时 T_{hz} 合上联络线 1、联络线 2 开关。

（2）方式 2：变压器检修或母联检修。

1）1 号主变压器检修状态。如图 7-7、图 7-10 所示，1 号主变压器检修硬连接片投入时，Ⅰ母线、Ⅱ母线均无电压，1、2 号主变压器低压侧均无电流，则经延时 T_{tb} 跳 2 号主变压器低压侧开关 4QF 以及母联开关 5QF，确认 4QF 和 5QF 开关均跳开后，经整定延时 T_{hz} 合上联络线 1、联络线 2 开关。

2）2 号主变压器检修状态。如图 7-7、图 7-10 所示，2 号主变压器检修硬连接片投入时，Ⅰ母线、Ⅱ母线均无电压，1、2 号主变压器低压侧均无电流，则经延时 T_{tb} 跳 1 号主变压器低压侧开关 2QF 以及母联开关 5QF，确认 2QF 和 5QF 开关均跳开后，经整定延时 T_{hz} 合上联络线 1、联络线 2 开关。

3）母联检修状态。如图 7-7、图 7-10 所示，母联检修硬连接片投入时，Ⅰ母线、Ⅱ母线均无电压，1、2 号主变压器低压侧均无电流，则经延时 T_{tb} 跳 1、2 号主变压器低压侧开关

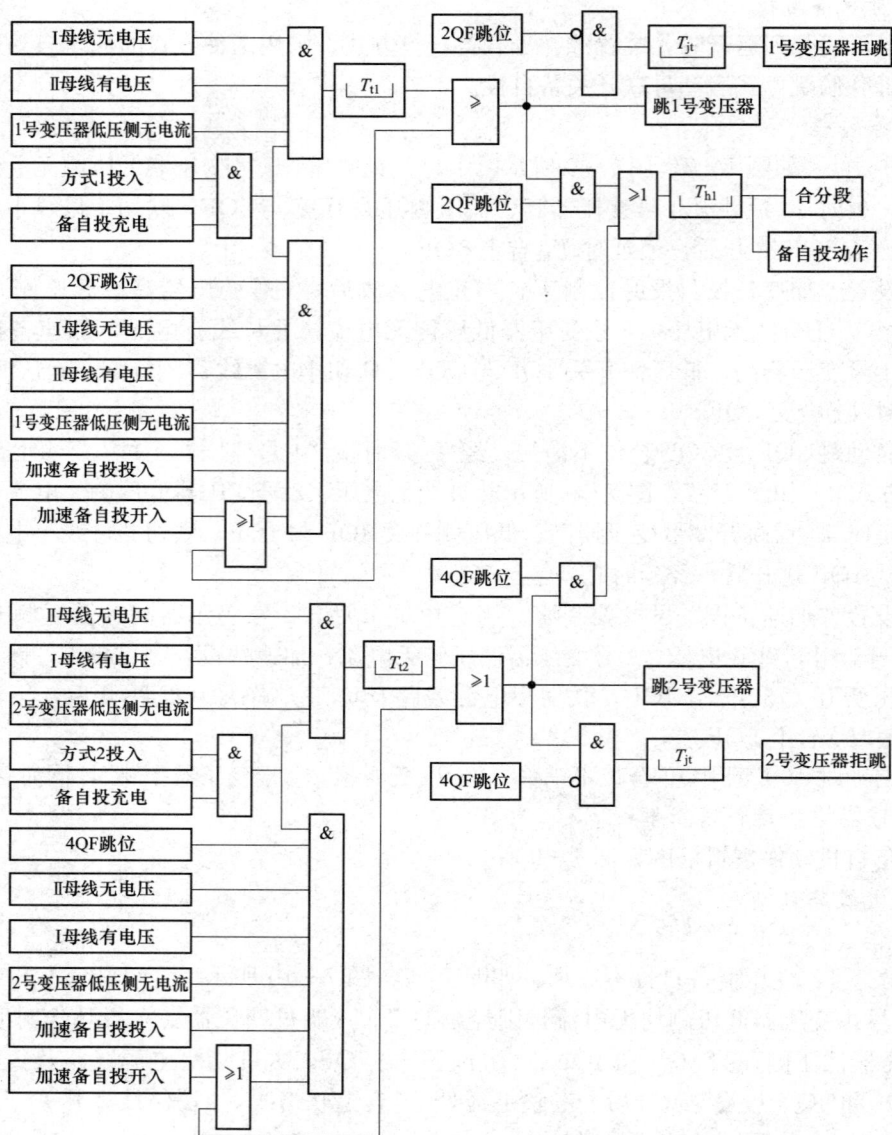

图 7-9　母联备自投动作逻辑框图

2QF 和 4QF，确认 2QF 和 4QF 开关均跳开后，经整定延时 T_{hz} 合上联络线 1、联络线 2 开关。

对于方式 2，装置设置"加速备投"投退控制字。当充电完成后，满足启动条件且加速备投控制字投入则延时 T_{jsbzt} 跳 1、2 号主变压器低压侧开关 2QF 和 4QF 以及母联开关 5QF，并联切小电源线路及负荷，确认 2QF、4QF 和 5QF 开关均跳开后，经整定延时 T_{hz} 合上联络线 1、联络线 2 开关。

如果以上两种方式启动跳 2QF、4QF 和 5QF 且 2QF 或 4QF 或 5QF 合位不消失，经 T_{jt} 延时报"1 号变压器拒跳"、"2 号变压器拒跳"或"母联拒跳"，同时备自投放电。

2. 进线备自投动作逻辑框图

进线备自投动作逻辑框图如图 7-10 所示。

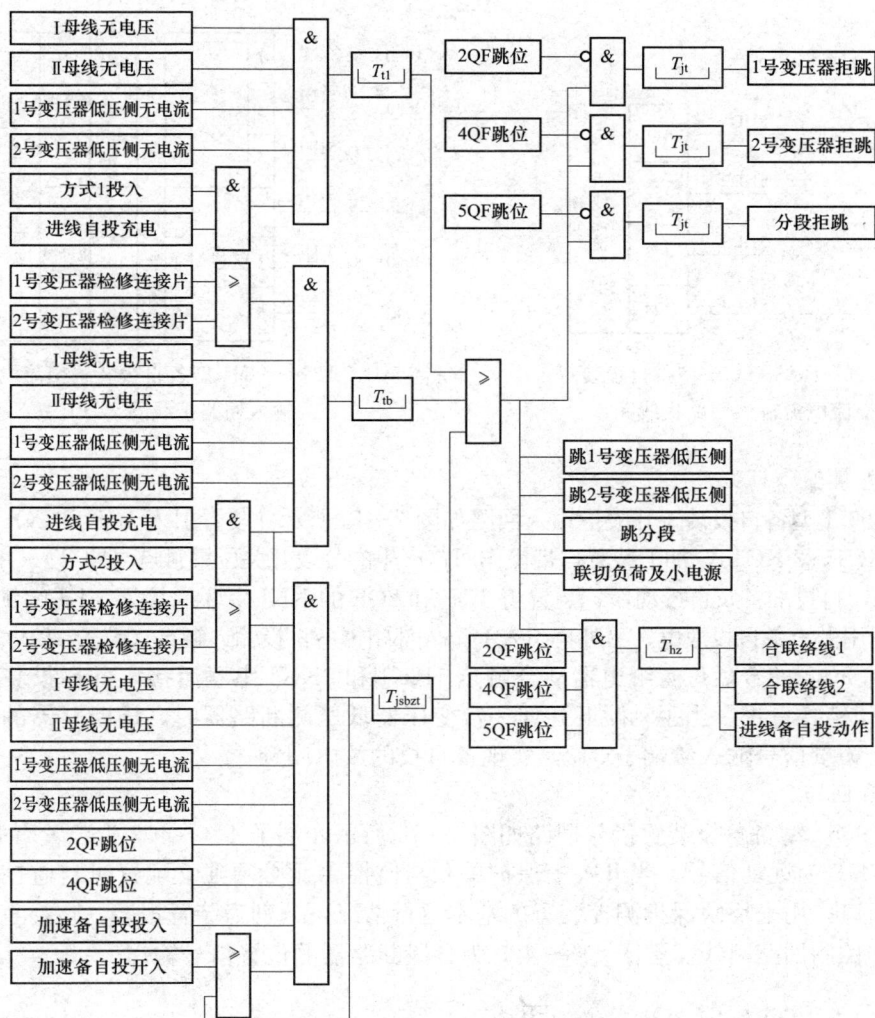

图 7 - 10　进线备自投动作逻辑框图

二、备用电源自投装置的二次回路

现以 RCS - 9651 分段开关备用电源自投保护测控装置为例，说明其二次回路接线。

图 7 - 11 和图 7 - 12 分别是 RCS - 9651 分段开关备用电源自投保护测控装置的电流回路和电压回路接线图。变压器低压侧电流和电压输入到自投装置经变换器隔离变换后，由低通滤波器输入至模数转换器，经过 CPU 采样和数据处理后，由逻辑程序完成各种预定的功能。

1. 交流电流输入回路

如图 7 - 11 所示，取变压器低压侧的一相电流接入备自投装置作为进线无电流判据，防止变压器低压侧母线上的电压互感器三相断线而造成分段断路器误投，也是为了更好地确认进线断路器已跳开。

2. 交流电压输入回路

如图 7 - 12 所示，变压器低压侧Ⅰ、Ⅱ段母线三相电压分别经两组电压小母线接入备自投装置的相应端子，判别母线有无电压。

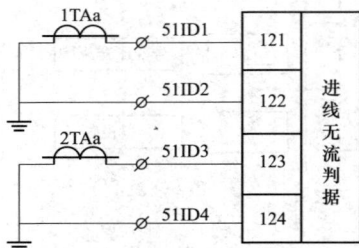

图 7 - 11 RCS - 9651 型备自投装置
交流电流输入回路接线图

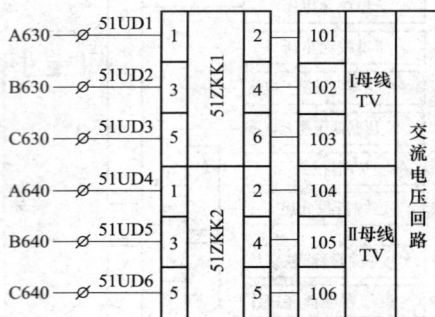

图 7 - 12 RCS - 9651 型备自投装置交流电压
输入回路接线图

3. 开关量输入回路

RCS - 9651 型备自投装置开关量输入回路如图 7 - 13 所示。装置引入 1QF 和 2QF 断路器位置触点（1KCT、2 KCT），加上装置自带操作回路产生的分段开关位置触点（KCT），用于系统运行方式判别，自投准备及自投动作。装置将 1QF 和 2QF 的 KKJ 串联后接入 KKJ 闭锁备投开入（端子 313）用做给备自投放电，另外再引入一个外部闭锁备自投输入触点（端子 312）。

1QF 和 2QF 的合后位置继电器动合触点 1KKJ 和 2KKJ 串联后接入备自投装置的端子 313，用来闭锁备自投。当手动跳开任何一台变压器低压侧断路器时，该断路器的合后触点断开，该开关量信号输入给端子 313，实现备自投的放电闭锁。

4. 信号回路

RCS - 9651 型备自投装置信号回路如图 7 - 14 所示，端子 401～402 为装置事故总信号。端子 412～415 为远动信号，当开关柜保护单元与监控单元必须独立配置时与监控单元的遥信单元相接口，用来反映保护测控装置的基本运行情况，分别为装置报警（包括直流消失）、保护动作和控制回路断线。端子 418～420 为分段断路器的位置信号输出。

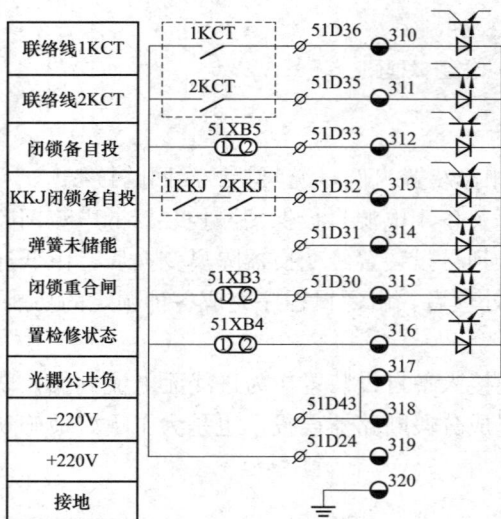

图 7 - 13 RCS - 9651 型备自投装置开关量输入回路图

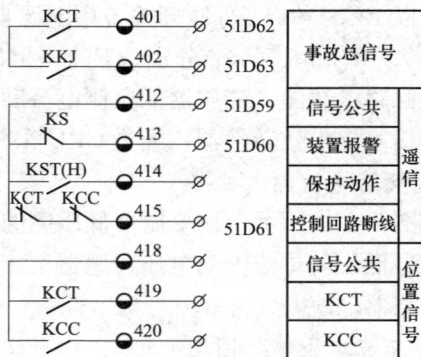

图 7 - 14 RCS - 9651 型备自投装置信号回路图

5. 备自投装置工作过程

如图 7-7 所示,当 1 号变压器发生故障,保护跳开 1QF 后,Ⅰ母线无电压、联络线无电流、Ⅱ母线有电压,满足备自投动作条件,经过一定的延时及 1QF 的位置触点 1KCT＝1 判断后,备自投动作,合上 3QF。分段断路器 3QF 操作回路如图 7-15 所示,＋220V→保护合闸出口触点(端子 417)→合闸连接片→二极管→跳闸闭锁继电器 KCO 动断触点→合闸保持继电器 KCF→端子 406→3QF 的合闸线圈。

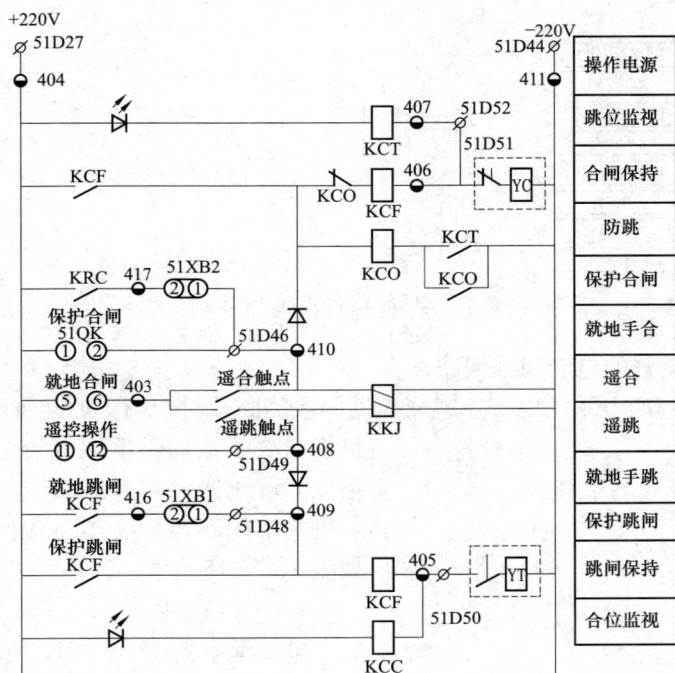

图 7-15 分段断路器 3QF 操作回路图

第三节 低 频 减 载 回 路

一、低频减载装置的构成

低频减载装置由低频继电器、时间继电器和出口中间继电器构成,其原理接线如图 7-16 所示。动作过程如下:当频率低于某一数值时,低频继电器 KF 启动。触点闭合,启动时间继电器 KT,经一定延时时间继电器 KT 触点闭合,启动出口中间继电器 KM,断开该级负荷开关。

在电力系统由于有功缺额引起频率下降时,低频减载装置自动根据频率降低值切除部分电力用户负荷,使系统的电源与负荷重新平衡。当电力系统功率缺额较大时,低频减载装置具有根据 df/dt 加速切负荷的功能,在切第一轮时可加速切第二轮或二、三两轮(可由控制字投退),尽早制止频率的下降,防止出现频率崩溃事故,

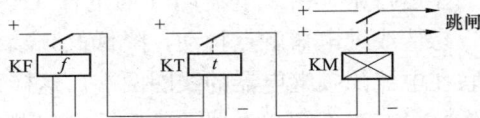

图 7-16 低频减载装置的原理接线图

低频减载装置的动作逻辑如图 7-17 所示。

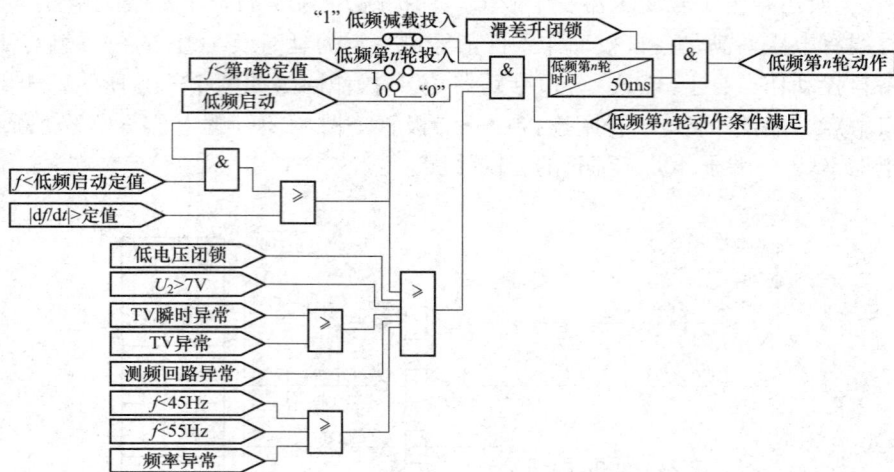

图 7-17 低频减载装置动作逻辑图

二、低频减载装置的电流闭锁回路

当线路发生故障断开系统电源，或变压器因故障断开时，用户的同步电动机或感应电动机将向故障点提供反馈电流。反馈电流的频率很低，可能造成低频减载装置的误动作。为了解决这个问题，加装了电流闭锁回路，其接线如图 7-18 所示。

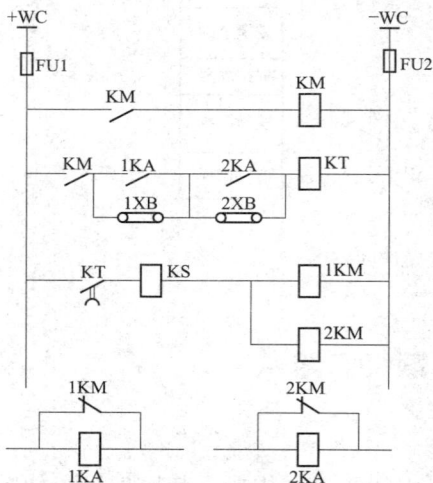

图 7-18 低频减载装置的电流闭锁回路

1. 闭锁原理

电流继电器 1KA、2KA 接于线路或变压器的电流互感器的二次回路，正常负荷电流即能启动，动合触点闭合。因此，只有当线路或变压器有负荷时，低频减载装置才能动作。电流闭锁回路一般取自主变压器高压侧 TA 二次或电源开关的 TA 二次。当系统故障时，继电保护动作后，故障的线路或变压器没有电流通过，电流闭锁继电器 1KA、2KA 线圈失电，其动合触点断开时间继电器 KT 的线圈回路，低频减载装置被闭锁而不动作。即＋WC→KM 线圈→FU2－WC，中间继电器启动；＋WC→KM→1KA→2KA→KT 线圈→－WC，因 1KA、2KA 触点已断开，故 KT 继电器不启动。

在运行中，由于电流闭锁继电器 1KM、2KM 线圈经常处于带电状态，负荷电流又很大，易造成继电器触点抖动，降低低频减载装置的可靠性。为此，将中间继电器的动断触点并联在电流闭锁继电器的线圈两端。这样正常时电流继电器线圈被短接，电流闭锁继电器不动作。只有当低频继电器动作后，中间继电器的动断触点打开，电流闭锁继电器通电，才能对低频减载装置进行闭锁。

2. 连接片的作用

1KA、2KA 适合并列运行的两台变压器，当一台变压器停用时，应把停用变压器对应的电流闭锁触点用连接片 1XB 或 2XB 短接；当变压器投入运行时，再断开相应的连接片。即当变压器投入运行时，相应的连接片断开；当变压器退出运行时，相应的连接片投入。

3. 自动按频率减载装置动作过程

当系统因故障频率降低时，低频减载装置动作，如下：

（1）＋WC→KM 线圈→－WC，启动中间继电器 KM。

（2）＋WC→KM→1KA→2KA→KT 线圈→－WC，启动时间继电器 KT。

（3）＋WC→KT→KS 线圈→1KM（2KM）→－WC，启动跳闸出口继电器 1KM（2KM），跳开各路断路器。

第四节　稳 定 装 置 回 路

图 7-19 是 CSS-100BE/C 型安全稳控装置监测一台变压器或一条 110kV 接入的交流电流电压回路接线图，交流电流从变压器 110kV 侧的 TA 回路接入，交流电压从变压器 110kV 侧所接母线段的 TV 回路接入，这样即可监视到线路或变压器的负荷变化情况。当负荷过载时，按照预定的程序，切除相对不重要的负荷，以保证变压器及线路在热稳定允许范围内安全运行。在变电站中，根据需要监测的变压器及线路个数，设置相应的电流、电压输入单元。

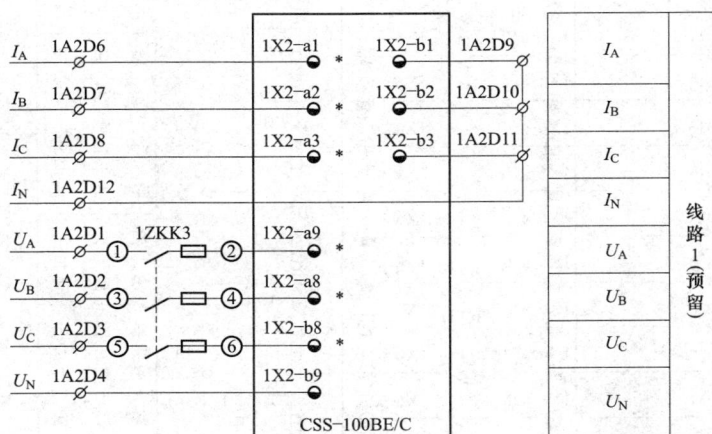

图 7-19　CSS-100BE/C 型安全稳控装置线路或变压器电流电压输入回路

CSS-100BE/C 型安全稳控装置开入回路接线如图 7-20 所示，其开入回路是一些功能硬连接片的开入及信号复归按钮的开入。其中出口总控制连接片一旦退出，将闭锁全部出口回路。

CSS-100BE/C 型安全稳控装置出口回路接线如图 7-21 所示，根据不同的配置要求，CSS-100BE/C 型安全稳控装置最多可以配有 48 组出口，每一组又包括两组出口触点，一组触点经连接片接馈路的断路器跳闸回路；一组出口触点直接去接重合闸闭锁回路。如果去

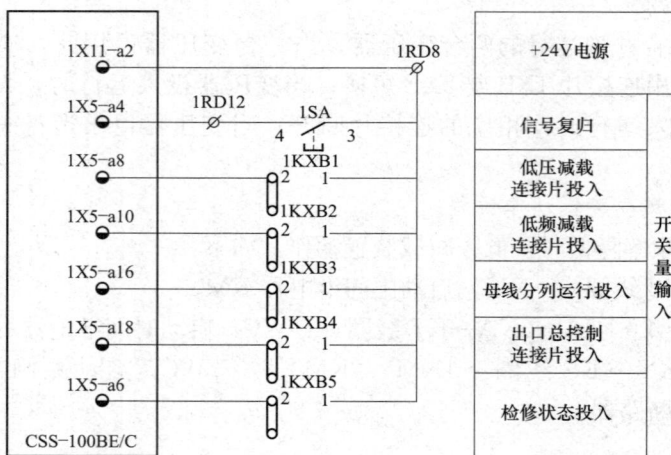

图 7-20 CSS-100BE/C 型安全稳控装置开入回路接线图

跳闸回路的触点接至断路器的手跳回路，则同时闭锁了重合闸。这样 CSS-100BE/C 型安全稳控装置的出口数可以扩大为 96 组。

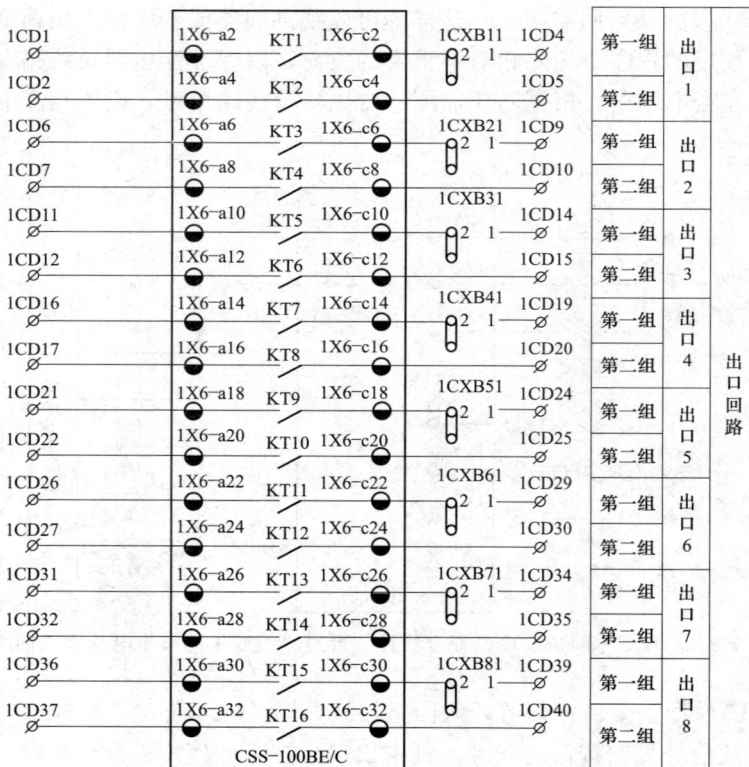

图 7-21 CSS-100BE/C 型安全稳控装置出口回路接线图

CSS-100BE/C 型安全稳控装置信号回路接线如图 7-22 所示，每一组信号都包括装置动作、装置告警、TV 断线告警、频率告警。直流消失信号在综合自动化变电站中接入测控装置，经系统通信反映至综合自动化后台。在非综合自动化变电站接入中央信号。

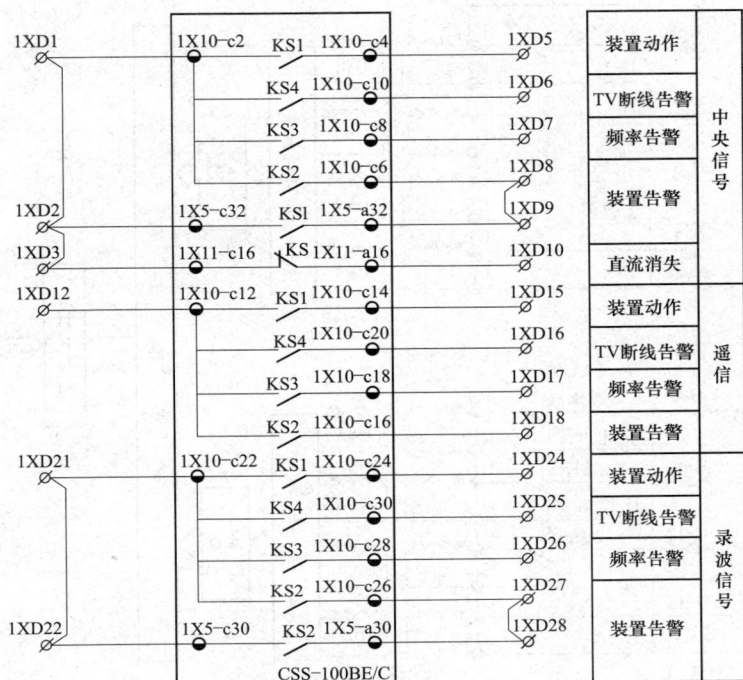

图 7 - 22 CSS - 100BE/C 型安全稳控装置信号回路接线图

第五节 故障录波装置二次回路

故障录波装置的二次回路主要包括电源回路、模拟量输入回路、开关量输入回路以及装置信号输出回路等。其中，故障录波装置的输入量有交直流工作电源、母线的三相电压及零序电压、线路的三相电流及零序电流、主变压器各侧电流及中性点零序电流、线路高频保护的通道高频量、断路器的位置、线路保护动作信号、重合闸动作信号、主变压器保护动作信号、母线保护动作信号等开关量。故障录波装置的输出量有录波启动、装置故障、失电告警等。

一、交流电压模拟量输入回路

交流电压模拟量输入回路原理图如图 7 - 23 所示。交流电压输入每 4 路为一组，分别接入 U_A、U_B、U_C 和 $3U_0$。所接电压经电压变换器 UV1、UV2、UV3、UV4 变换后进入采样通道。Ⅰ母线电压 A630、B630、C630 经交流空气开关 1QK 接入变换器 UV1、UV2、UV3，L630 直接接入变换器 UV4。同理，Ⅱ母线电压 A640、B640、C640 经交流空气开关 2QK 接入变换器 UV5、UV6、UV7，L640 直接接入变换器 UV8。

二、交流电流模拟量输入回路

220kV 线路间隔电流接入故障录波器回路原理图如图 7 - 24 所示。电流互感器第一组绕组 TA - 1 电流 A411、B411、C411、N411 先接入线路保护 1，经线路保护 1 后回路编号为 A412、B412、C412、N412 再接入故障录波器。其他线路电流接入故障录波器回路原理相同。

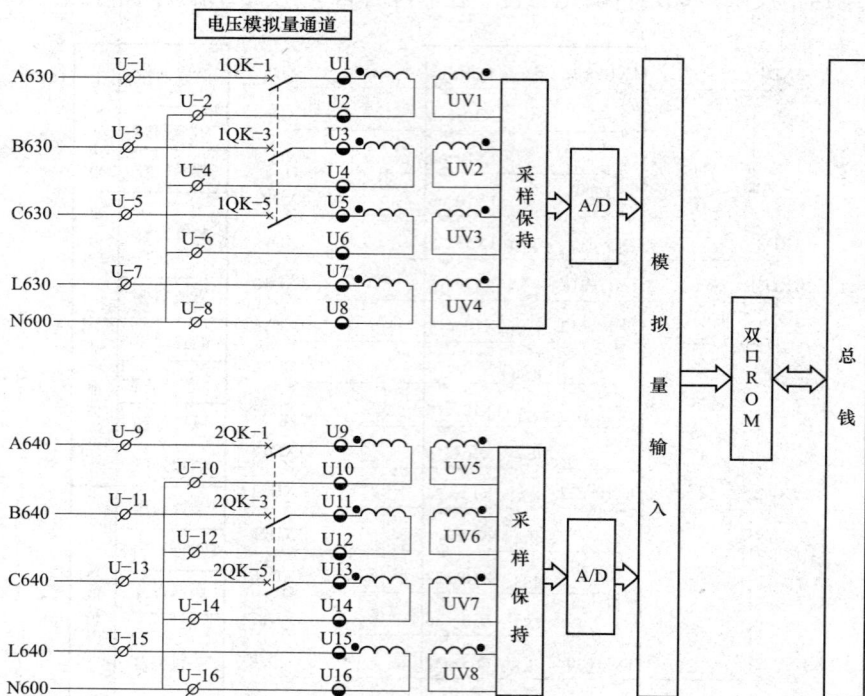

图 7 - 23　交流电压模拟量输入回路原理图

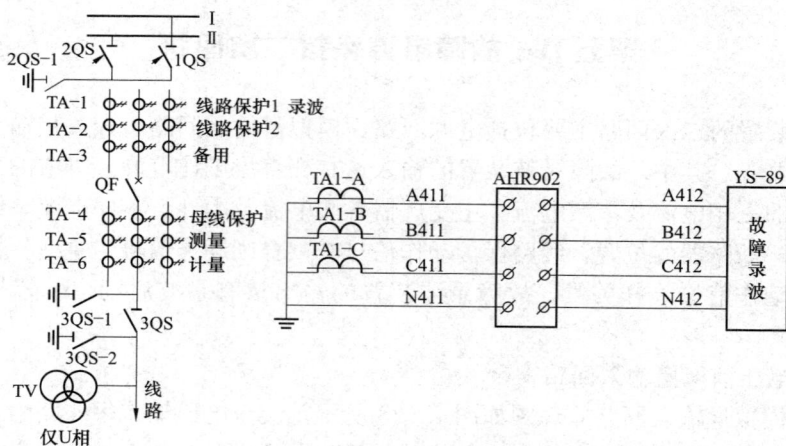

图 7 - 24　220kV 线路间隔电流接入故障录波器回路原理图

三、开关量输入回路

开关量输入回路原理图如图 7 - 25 所示。开关量输入信号为动合或动断空触点，经光电隔离后送至数字采集卡。输入的空触点一段接 24V 辅助电源公共端 1S - 33，另一端接入相应的开关量通道输入端。

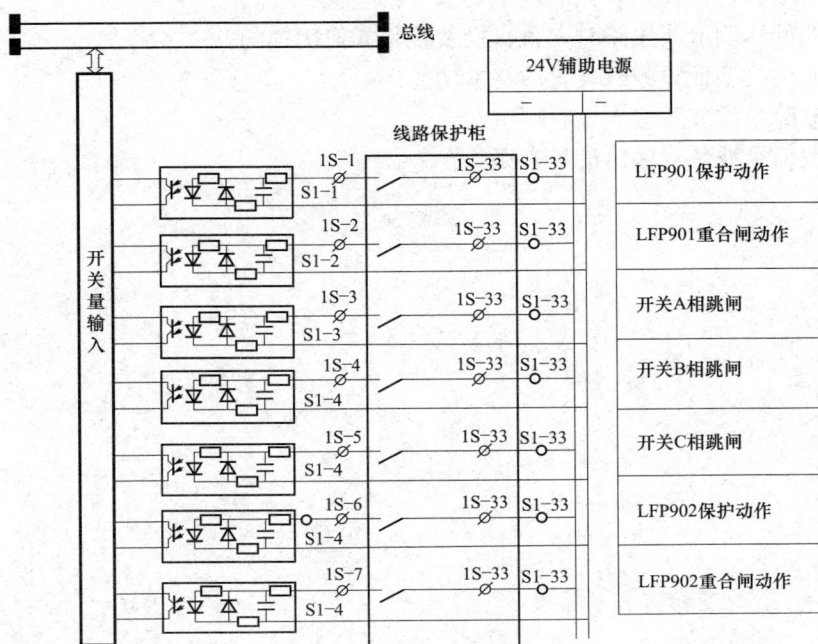

图 7-25　开关量输入回路原理图

四、装置信号输出回路

故障录波装置发生故障时，输出告警信号开出至公用测控柜或光字牌。告警信号回路如图 7-26 所示。其中，录波启动、装置故障、掉电告警信号由相应继电器触点启动，交流掉电告警、直流掉电告警信号由自动空气开关的动断辅助触点启动。

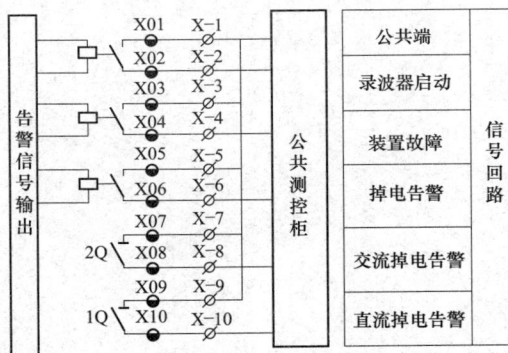

图 7-26　装置告警信号输出接线原理图

思　考　题

1. 准同期并列的条件有哪些？
2. 手动准同期回路中为什么要采用同期监察继电器？

3. 对备用电源自动投入装置的基本要求有哪些？

4. 变压器低压侧母线短路时，备自投装置是如何闭锁的？

5. 试说明微机型低频减载装置的基本功能。

6. 微机故障录波装置输入量有哪些？

7. 微机故障录波装置输出信号有哪些？

第八章　发电机励磁回路和大型电动机控制

发电机励磁系统是发电厂不可缺少的部分。励磁系统包括励磁电源和励磁装置。励磁装置的作用是当电力系统正常工作的情况下，维持同步发电机机端电压在给定的水平上。电动机控制回路是保证发电厂常用负荷正常供电的重要保障。本章主要介绍发电机励磁回路、大型电动机控制回路，通过对二次回路图的图例分析，阐述发电机励磁回路和电动机控制回路的基本原理。

第一节　发电机的励磁回路

向发电机转子通入电流的过程，称为发电机的励磁，用于发电机励磁的设备及其构成的电路，称为励磁系统。励磁系统是发电机的重要设备，它直接影响到发电机及电力系统的安全、稳定运行。

近年来，不同生产厂家出产了多种型号的励磁系统设备，本节仅讲述其中两种比较典型的励磁系统的控制回路。

一、自励式直流励磁机组成的励磁系统

直流励磁机是供给发电机励磁的直流发电机。其转子一般都与发电机处在同一根主轴上，由同一原动机带动，发出的直流电经调节、控制电路输入发电机转子绕组。直流励磁机有自励式和他励式两种，其中他励式需另设同轴的副励磁机。

由直流励磁机励磁的发电机励磁系统及其控制回路如图8-1所示。励磁机无附加励磁绕组。该系统中，在自励式励磁机与自动电压调节器的连接方式下，运行中励磁机和调节器共同负担励磁机励磁绕组LEE的电流，所以可减少自动电压调节器的容量。该励磁系统分为3部分：①发电机励磁绕组主回路（图中粗实线部分）；②与励磁机磁场电阻3RFS串联的回路，称手动调节回路，用于手动调节励磁机的励磁电流；③自动电压调节器AVR及其输入、输出回路，用于自动调节励磁机的励磁电流。

（1）励磁机的磁场变阻器（3RFS）。用于人工调节励磁机的输出电压，此电压控制着发电机转子绕组内电流大小，从而控制着发电机定子电压和无功功率的改变。3RFS可设计为手动直接调节或由链条轮带动滑动抽头调节。对于较大容量的发电机，也可设计为远方操作经电动机传动调节。

磁场电阻4RFS是不可调节的励磁机磁场电阻，其阻值决定于强励装置动作后励磁机应保持的励磁电流值。

（2）自动灭磁开关和灭磁电阻。自动灭磁开关QFB用于接通或断开发电机的励磁回路，并在断开励磁回路的同时，在发电机转子绕组上并接灭磁电阻1RFS，使发电机励磁电流迅速下降至零。灭磁开关的构造特点：当灭磁开关合闸时，主触头先接通发电机的励磁回路，

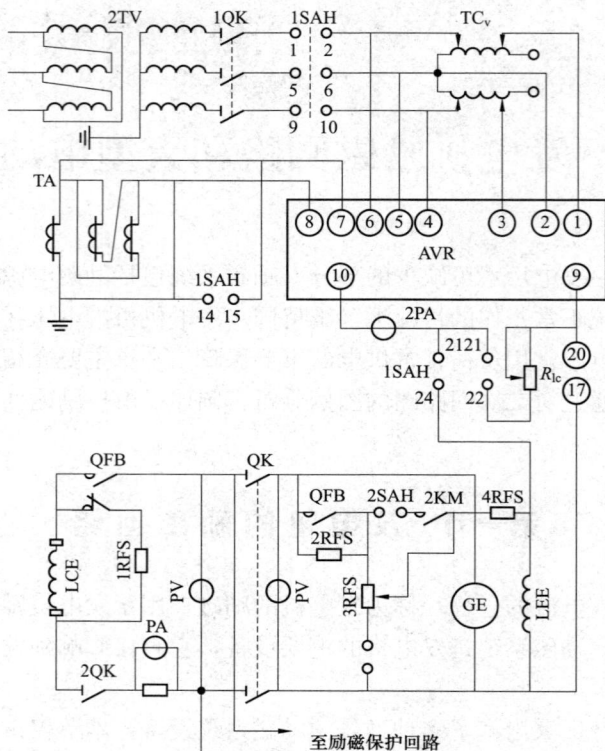

图 8-1 直流励磁机励磁的发电机励磁系统及其控制回路图

动断触点后断开灭磁电阻 1RFS 回路；当灭磁开关跳闸时，动断触点先闭合接入灭磁电阻

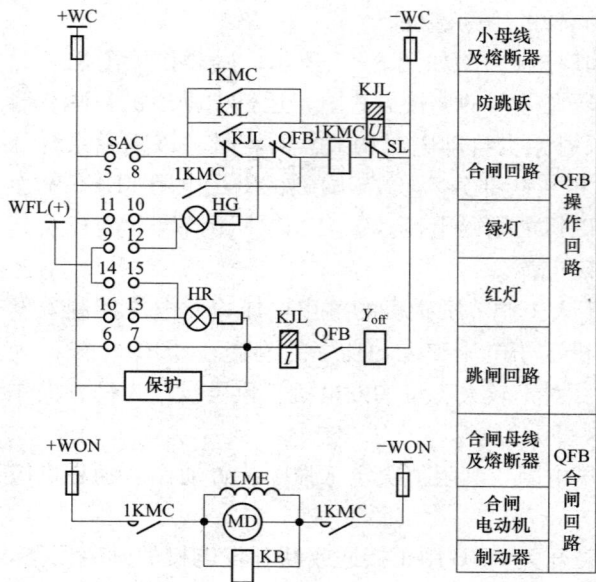

图 8-2 DW10M-1500 型灭磁开关控制回路

1RFS，主触头后断开励磁回路，以防止发电机转子绕组产生过电压。

自动灭磁开关 QFB 跳闸时，同时将 2RFS 串入励磁机的励磁回路，使励磁机也进行灭磁，以防励磁机发生过电压。灭磁开关的控制回路与一般断路器的控制回路基本相同，如图 8-2 所示。图中 MD 为合闸电动机，KB 为电动机制动器，SL 为合闸限位开关。

（3）自动调压器。自动调压器的输入回路为发电机端的电压互感器二次侧和发电机主回路电流互感器二次测，用于测量发电机的电压、电流及其相位角并提供励磁电源。它的输出连接至励磁机的励磁绕组，用来调节发电机的励磁电流。自动调压器的作用：正常运行状态下，按整定要求保持发电机的端电压稳定，在发电机之间合理分配无功负荷；当电力系统发生故障时，迅速增加发电机的励磁电流，提高系统的稳定性能。

图 8-1 中的自动调压器 AVR 为 KFD-3 型相复励自动调压器。1SAH 为 AVR 的投退切换开关。它有三个位置：一是"退出"位置，此位置触点 1-2、5-6、9-10、21-24、17-20 断开，触点 14-15、21-22 接通；二是"试验"位置，此位置触点 1-2、5-6、9-10、21-22 接通，14-15、21-24、17-20 断开；三是"投入"位置，此位置触点 1-2、5-6、9-10、21-24、17-20 接通，14-15、21-22 断开。

二、自并励无刷励磁系统

自并励无刷励磁系统的励磁功率由发电机本身供给，转子无滑环、炭刷，系统操作简便，为新建的发电厂广泛采用。现以 MLZ-1CW 型无刷励磁系统为例，说明其控制回路。

MLZ-1CW 无刷励磁系统控制回路如图 8-3~图 8-5 所示。图中虚线框内为安装于调节器内部的设备。

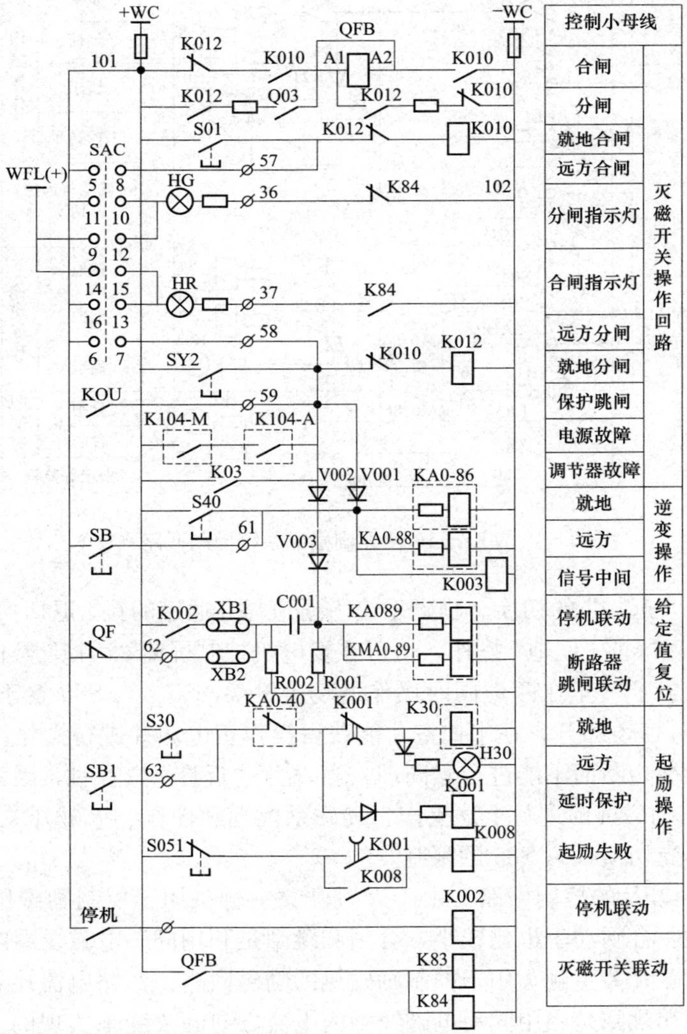

图 8-3　MLZ-1CW 无刷励磁系统控制回路（一）

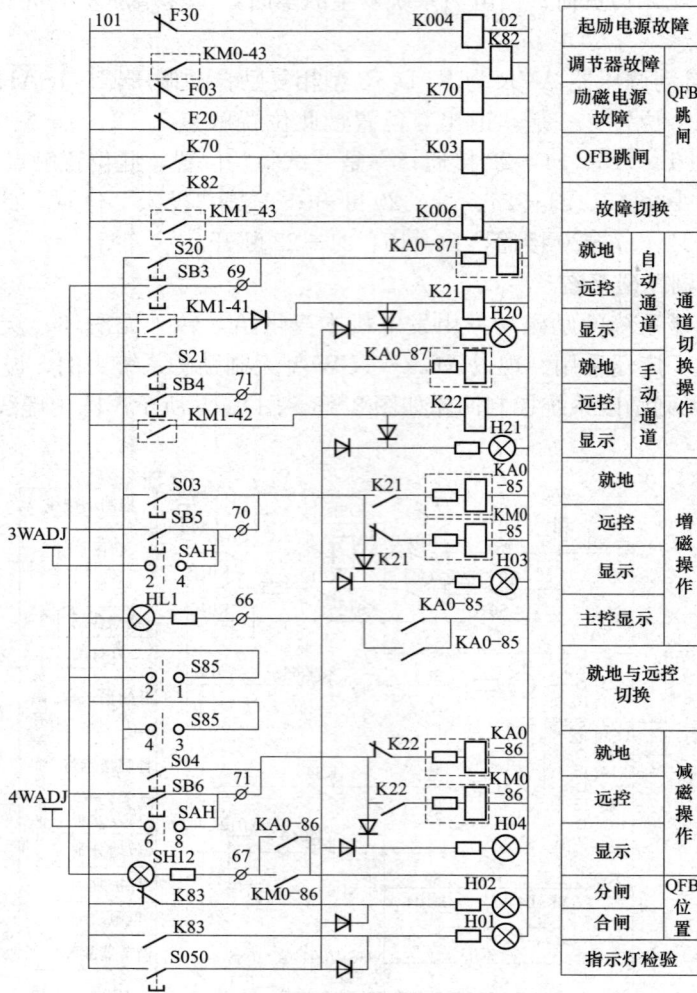

图 8-4　MLZ-1CW 无刷励磁系统控制回路（二）

（1）"近控"与"远控"的切换。励磁系统Ⅰ通道与Ⅱ通道的投、退切换及"增磁"与"减磁"操作，可在励磁屏前"就地"操作，也可在发电机控制屏前"远控"操作。为了避免操作紊乱，控制回路设置了禁止在两地同时操作的切换开关 S85。当 S85 置于"远控"位置时，其触点 1-2 接通、3-4 断开，在中控室才能获得操作正电源并进行操作。此时，在励磁屏处的操作因正电源被切断而不能进行。同理，当置于"近控"位置时，因其触点 1-2 断开、3-4 接通而只能在励磁屏前进行上述操作。励磁系统起励操作、灭磁开关 QFB 的操作，以及逆变操作，均不受切换开关 S85 的限制。

（2）灭磁开关 QFB 的控制回路。由于灭磁开关主触头用于控制励磁机的励磁回路，回路电流比较小，跳、合闸功率也比较小，合闸和跳闸是利用同一电磁线圈内电流方向的改变来实现的。由于灭磁开关主触头用于控制励磁机的励磁回路，回路电流比较小，跳、合闸功率也比较小，合闸和跳闸是利用同一电磁线圈内电流方向的改变来实现的。灭磁开关跳、合闸的操作方法与一般高压断路器的操作方法相同。当发出合闸命令时，SAC 把手置于"合

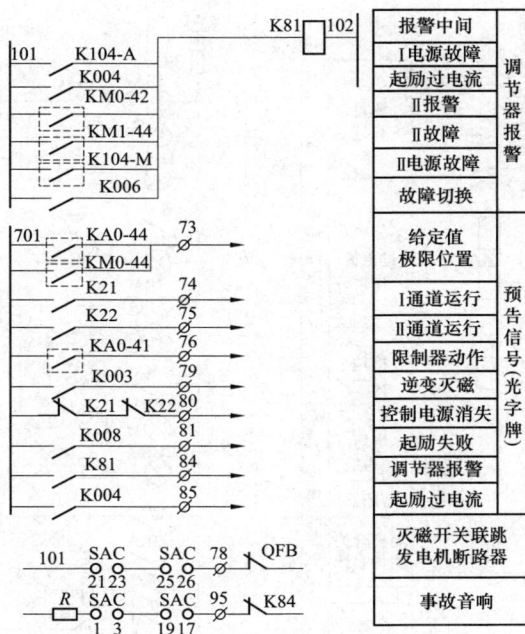

图 8 - 5　MLZ - 1CW 无刷励磁系统控制回路（三）

闸"位置，中间继电器 K010 动作（此时 K012 处于失磁返回状态）使线圈 QFB 正极性接入电源，电流由其 A1 端流入线圈，使灭磁开关合闸。合闸后，其辅助触点启动中间继电器 K84，红灯 HR 稳亮，K010 返回。当发出跳闸命令时，SAC 把手置"跳闸"位置，中间继电器 K012 动作（此时 K010 处于返回状态），使线圈 QFB 反极性接通电源，电流由 A2 端流入线圈，使灭磁开关跳闸。跳闸后 K012 返回，K84 返回，绿灯 HG 稳亮。

第二节　大型电动机的控制回路

1. 高压断路器控制的高压电动机的控制回路

高压电动机（3kV 以上）一般采用高压断路器控制。由于高压电动机大都为 3kV 和 6kV 电压等级，所以断路器大都采用真空断路器。

采用高压断路器控制的高压电动机控制回路如图 8 - 6 所示。图 8 - 6（a）所示为交流回路与合闸回路。电源为单母线，从图中可以看出，只有两相装设电流互感器，并装设有零序电流互感器，表明该电动机所接的系统是中性点非直接接地的电网。

图 8 - 6（b）所示为控制回路。可以看出，其控制方式和回路组成都符合高压断路器控制电路的基本原则和要求。控制回路中没有设置防跳跃的环节，说明采用的断路器自身具有防止跳跃的结构。该电动机可以集中控制，也可就地控制。

2. 高压熔断器配合高压接触器回路的控制回路

高压熔断器配合高压接触器（F-C 回路）控制高压电动机的方式具有经济适用的优点，造价低于高压真空断路器。接触器多采用高压真空接触器，接触器需要的操作功率小，也有利于提高控制系统的可靠性。其基本动作过程：电动机的正常启动、停止由高压接触器控

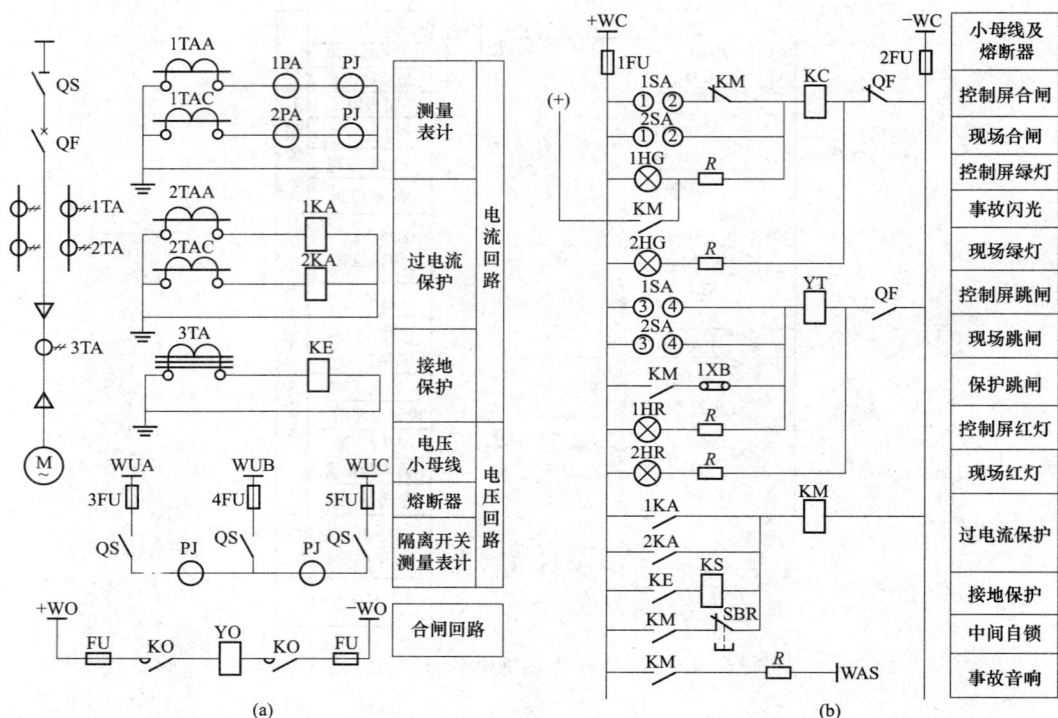

图 8-6 采用高压断路器控制的高压电动机控制回路

(a) 交流回路与合闸回路；(b) 控制回路

制，当电动机主回路发生短路时则由高压熔断器切除故障。对高压接触器控制电路的要求与高压断路器控制电路基本相同，控制回路的构成也基本相同。

第三节 大型电动机的启动回路

一、全压启动回路

电动机全压启动时是把电动机直接接入电网，加上额定电压，一般来说，电动机的容量不大于直接供电变压器容量的 20%～30%时，都可以直接启动。

1. 点动控制

点动控制如图 8-7 所示。合上断路器 QF，三相电源被引入控制电路，但电动机还不能启动。按下按钮 SB，接触器 KM 线圈通电，衔铁吸合，动合主触点接通，电动机定子接入三相电源启动运转。松开按钮 SB，接触器 KM 线圈断电，衔铁松开，动合主触点断开，电动机因断电而停转。

2. 直接启动控制

直接启动控制如图 8-8 所示。

(1) 启动过程。按下启动按钮 1SB，接触器 KM 线圈通电，与 1SB 并联的 KM 的辅助动合触点闭合，以保证松开按钮 1SB 后 KM 线圈持续通电，串联在电动机回路中的 KM 的主触点持续闭合，电动机连续运转，从而实现连续运转控制。

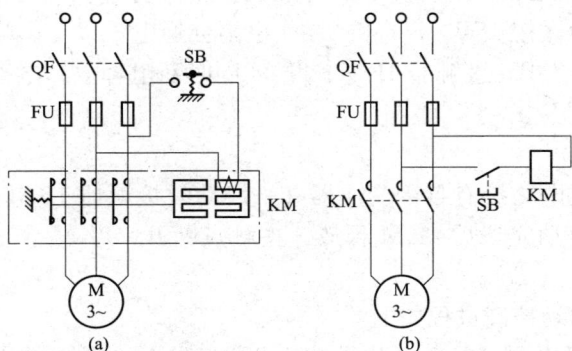

图 8-7　点动控制
(a) 接线示意图；(b) 电气原理图

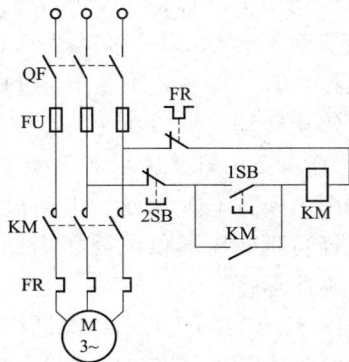

图 8-8　直接启动控制

（2）停止过程。按下停止按钮 2SB，接触器 KM 线圈断电，与 1SB 并联的 KM 的辅助常开触点断开，以保证松开按钮 2SB 后 KM 线圈持续失电，串联在电动机回路中的 KM 的主触点持续断开，电动机停转。

与 1SB 并联的 KM 的辅助动合触点的这种作用称为自锁。

图示控制电路还可实现短路保护、过载保护和零压保护。

（1）起短路保护的是串接在主电路中的熔断器 FU。一旦电路发生短路故障，熔体立即熔断，电动机立即停转。

（2）起过载保护的是热继电器 FR。当过载时，热继电器的发热元件发热，将其动断触点断开，使接触器 KM 线圈断电，串联在电动机回路中的 KM 的主触点断开，电动机停转。同时 KM 辅助触点也断开，解除自锁。故障排除后若要重新启动，需按下 FR 的复位按钮，使 FR 的动断触点复位（闭合）即可。

（3）起零压（或欠电压）保护的是接触器 KM 本身。当电源暂时断电或电压严重下降时，接触器 KM 线圈的电磁吸力不足，衔铁自行释放，使主、辅触点自行复位，切断电源，电动机停转，同时解除自锁。

二、降压启动回路

1. 星三角降压启动回路

如图 8-9 所示，按下起动按钮 1SB，时间继电器 KT 和接触器 2KM 同时通电吸合，2KM 的动合主触点闭合，把定子绕组连接成星形，其动合辅助触点闭合，接通接触器 1KM。1KM 的动合主触点闭合，将定子接入电源，电动机在星形连接下起动。1KM 的一对动合辅助触点闭合，进行自锁。经一定延时，KT 的动断触点断开，2KM 断电复位，接触器 3KM 通电吸合。3KM 的动合主触点将定子绕组接成三角形，使电动机在额定电压下正常运

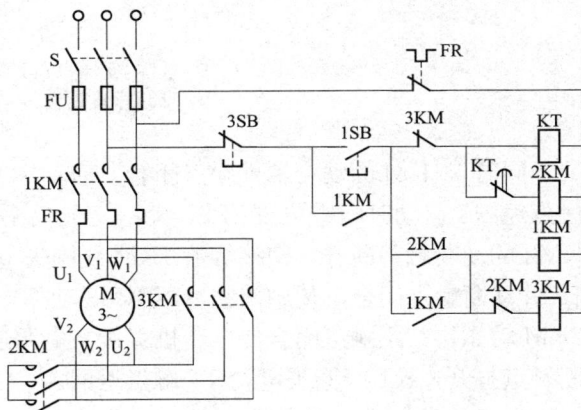

图 8-9　星三角降压起动控制

行。与按钮 1SB 串联的 3KM 的动合辅助触点的作用是：当电动机正常运行时，该动合触点断开，切断了 KT、2KM 的通路，即使误按 1SB，KT 和 2KM 也不会通电，以免影响电路正常运行。若要停车，则按下停止按钮 3SB，接触器 1KM、2KM 同时断电释放，电动机脱离电源停止转动。

2. 自耦变压器降压启动回路

如图 8-10（a）所示，电动机的主电路接有自耦变压器 T，启动时接触器 1KM 闭合，电动机经自耦变压器供电降压启动，启动完毕后 1KM 释放，主触点断开，2KM 合上，电动机全电压运行。

如图 8-10（b）所示，电动机的启动控制过程如下：

（1）自动启动。将转换开关 SA 置于位置 A，按下启动按钮 2SB，1KM 线圈通电并自保持，主触点闭合，三相电源经自耦变压器加到电动机上，电动机开始降压启动。

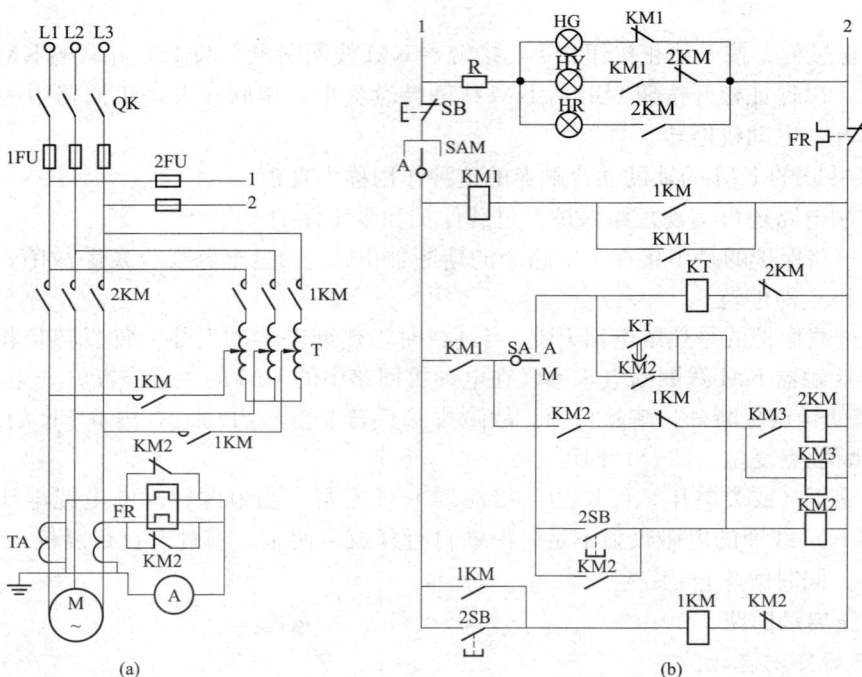

图 8-10　自耦变压器降压启动的电动机控制电路
(a) 主电路图；(b) 控制电路图

同时，1KM 的动合辅助触点闭合，启动中间继电器 KM1 并自保持。KM1 的一个动合触点经 SA 启动时间继电器 KT，经一定延时后 KT 的延时触点闭合启动 KM2 并自保持。KM2 的动断触头断开，使接触器 1KM 线圈失电，1KM 主触点断开，自耦变压器脱离电源，1KM 动断触点闭合，使中间继电器 KM3 动作，KM3 的动合触点接通接触器 2KM 的电源，2KM 动作，其主触点闭合使电动机直接与电源连接，进入全电压运行状态。2KM 动作后动断触点打开，KT 线圈失电，KT 触点返回。

由于被控制电动机的容量大，为了防止 1KM 和 2KM 在切换时主触点造成弧光短路，增加了 KM1 和 KM2 两个重动中间继电器，以保证在 1KM 灭弧后 2KM 才动作。

（2）手动启动。将 SA 置于位置 M，KT 不会再动作，按下启动按钮 2SB，1KM 带电并自保持，电动机开始降压启动。当电流表指示的电流衰减到接近额定电流时，按下按钮 3SB，启动 KM2 并自保持，使 1KM 失电释放，KM3 和 2KM 动作，电动机进入正常运行状态。

思 考 题

1. 设计一个三相异步电动机正—反—停的主电路和控制电路，并具有短路、过载保护。
2. 电动机反接制动控制电路如图 8 - 11 所示，试分析其工作原理。

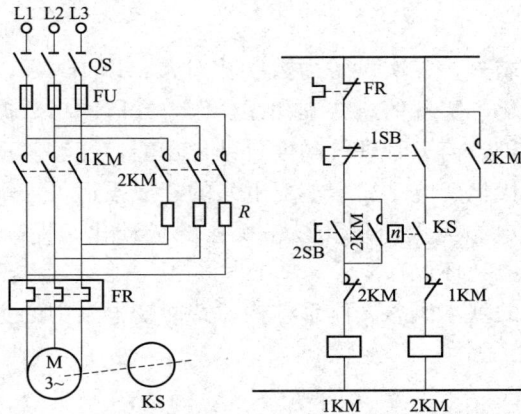

图 8 - 11　电动机反接制动控制电路

第九章　智能化变电站二次回路

智能变电站是随着智能电网概念一并提出的，智能变电站与智能电网密切相关，是作为智能电网的变电一环出现的。智能变电站是智能电网的一个最重要、最关键的"终端"，承担为智能电网提供数据和控制对象的功能。因此，智能变电站成为建设坚强智能电网的重要组成部分。

智能变电站是以变电站一、二次设备为数字化对象，以 IEC61850 通信规范为基础，通过对数字化信息进行标准化，实现信息共享和互操作，并以网络数据为基础，采用智能化策略实现测量监视、控制保护、信息管理等高度自动化功能，能够实现变电站内智能电气设备间信息共享和互操作的现代化变电站。智能变电站的建成投运可大幅提升设备智能化水平和设备运行可靠性，实现变电站无人值班和设备操作的自动化，提高资源使用和生产管理效率，使运行更加经济、节能和环保。

本章介绍智能变电站的基本概念、体系结构，智能变电站中的主要技术和二次回路的特点及通信模式。

第一节　智能变电站的基本概念及特点

一、智能变电站基本概念

智能变电站是数字化变电站的延续和发展，是以数字化变电站为依托，一次设备参量数字化、标准化和规范化信息平台为基础，通过采用先进的传感、信息、通信、控制、人工智能等技术，建立全站所有信息采集、传输、分析、处理的数字化统一应用平台，实现变电站的信息化、自动化、互动化。它以全站信息数字化、通信平台网络化、信息共享标准化为基本要求，自动完成信息采集、测量、控制、保护、计量和监测等基本功能，并可根据需要支持电网实时自动控制、智能调节、在线分析决策、协同互动等高级功能，实现与相邻变电站、电网调度的互动。

常规变电站的各个子系统是信息的孤岛，相互之间没有充分的联系。随着各种先进技术的发展及 IEC61850 统一规约的应用，可以将各种应用以统一的规约通信方式交互到统一的信息平台，实现信息资源的共享。因此智能变电站包括了统一的信息平台、统一的传输规约，将一、二次状态信息统一应用到一体化的信息平台中去，实现变电站的信息化、自动化、互动化。

二、智能变电站的特点

作为智能电网的一个重要节点，智能变电站是指以变电站一、二次设备为数字化对象，以高速网络通信平台为基础，通过对数字信息进行标准化，实现站内外信息共享，实现测量监视、控制保护、信息管理、智能状态监测等功能的变电站。智能变电站具有"一次设备智能化、全站信息数字化、信息共享标准化、高级应用互动化"等重要特征。

（1）一次设备智能化。随着基于光学或电子学原理的电子式互感器和智能断路器的使用，常规模拟信号和控制电缆将逐步被数字信号和光纤代替，测控保护装置的输入、输出均为数字通信信号，变电站通信网络进一步向现场延伸，现场的采样数据、断路器状态信息能在全站甚至广域范围内共享。

（2）全站信息数字化。实现一、二次设备的灵活控制，且具备双向通信功能，能够通过信息网进行管理，使全站信息采集、传输、处理、输出过程完全数字化。

（3）信息共享标准化。基于 IEC61850 标准的统一标准化信息模型实现了站内外信息共享。智能变电站将统一和简化变电站的数据源，形成基于同一断面的唯一性、一致性基础信息，通过统一标准、统一建模来实现变电站内的信息交互和信息共享，可以将常规变电站内多套孤立系统集成为基于信息共享基础上的业务应用。

（4）高级应用互动化。实现各种站内外高级应用系统相关对象间的互动，满足智能电网互动性的要求，实现变电站与控制中心之间、变电站与变电站之间、变电站与用户之间和变电站与其他应用需求之间的互联、互通和互动。

三、智能变电站的优越性

由于智能变电站所具备的各种新技术，与常规变电站相比，其具有很强的技术优越性。主要表现为以下 9 个方面：

（1）智能变电站的各种功能可共享统一的信息平台避免设备重复配置。智能变电站的所有信息采用统一的信息模型，按统一的通信标准接入变电站通信网络。变电站的保护、测控、计量、监控、远动、电压无功控制（Voltage Quality Control，VQC）等系统均用同一个通信网络接收电流、电压状态等信息以及发出控制命令，不需为不同功能建设各自的信息采集、传输和执行系统。

而常规变电站由于各种功能采用的通信标准和信息模型不尽相同，二次设备和一次设备间用电缆传输模拟信号和电平信号，各种功能需建设备自的信息采集、传输和执行系统，增加了变电站的复杂性和成本。

（2）便于变电站新增功能和扩展规模。变电站的设备间信息交换均通过通信网络完成，变电站在扩充功能和扩展规模时，只需在通信网络上接入新增设备，无需改造或更换原有设备，保护用户投资，减少变电站全生命周期成本。

（3）通信网络取代复杂的控制电缆。智能变电站的一次设备和二次设备间、二次设备之间均采用计算机通信技术，一条信道可传输多个通道的信息。同时采用网络通信技术，通信线的数量约等于设备数量。因此智能变电站的二次接线将大幅度简化。

（4）提升测量精度。智能变电站采用输出数字信号的电子式互感器，数字化的电流电压信号在传输到二次设备和二次设备处理的过程中均不会产生附加误差，提升了保护系统、测量系统和计量系统的系统精度。

例如，采用 0.2 级的 TA 和 TV，常规变电站由于电缆和电表带来的附加误差，计量系统总误差在 ±0.7% 的水平。而数字变电站计量系统的误差仅由 TA 和 TV 产生，可达到 ±0.4% 的水平。

（5）提高信号传输的可靠性。智能变电站的信号传输均用计算机通信技术实现。通信系统在传输有效信息的同时传输信息校验码和通道自检信息，一方面杜绝误传信号，另一方面在通信系统故障时可技术告警。数字信号可以用光纤传输，从根本上解决抗干扰问题。

常规变电站一次设备和二次设备间直接通过电缆传输，没有校验信息的信号，当信号出错或电缆断线、短路时都难以发现。而且传输模拟信号难以使用光纤技术，易受干扰。

（6）应用电子式互感器解决常规互感器固有问题。智能变电站采用电子式互感器，没有常规互感器固有的 TA 断线导致高压危险、TA 饱和影响差动饱和、电容式电压互感器暂态过程影响距离保护、铁磁谐振、绝缘油爆炸、六氟化硫泄漏等问题。

（7）避免电缆带来的电磁兼容、传输过电压和两点接地等问题。智能变电站二次设备和一次设备之间使用绝缘的光纤连接，电磁干扰和传输过电压没有影响到二次设备的途径，而且也没有二次回路两点接地的可能性。

常规变电站的二次设备与一次设备之间仍然采用电缆进行连接，电缆感应电磁干扰和一次设备传输过电压可能引起的二次设备运行异常，在二次电缆比较长的情况下由电容耦合的干扰可能造成继电保护误动作。尽管电力行业的有关规定中要求继电保护二次回路一点接地，但由于二次回路接地点的状态无法实时检测，二次回路两点接地的情况近期仍时有发生并对继电保护产生不良影响，甚至造成设备误动作。

（8）解决设备间的互操作问题。智能变电站的所有智能设备均按统一的标准建立信息模型和通信接口，设备间可实现无缝连接。智能变电站唯一可用的通信标准为 IEC61850。IEC61850 的信息自解释机制，在不同设备厂家使用各自扩展的信息时也能保证互操作性。

常规变电站的不同生产厂家二次设备之间的互操作性问题至今仍然没有得到很好地解决，主要原因是二次设备缺乏统一的信息模型规范和通信标准。为实现不同厂家设备的互连，必须设置大量的规约转换器，增加了系统复杂度和设计、调试、维护的难度，降低了通信系统的性能。

（9）进一步提高自动化和管理水平。智能变电站采用智能一次设备，所有功能均可遥控实现。通信系统传输的信息更完整，通信的可靠性和实时性都大幅度提高。变电站因此可实现更多、更复杂的自动化功能，提高自动化水平。一次设备、二次设备和通信网络都可具备完善的自检功能，可根据设备的健康状况实现状态检修。

第二节　智能变电站与常规变电站的区别

一、常规变电站体系构架

微电子、计算机技术的发展使得变电站各种智能电力装置（Intelligent Electronic Device，IED）具备了数字化、低功耗的特点。这些智能装置物理上可安装在 3 个不同的功能层，即变电站层、间隔层、过程层。通常把继电保护、故障录波、故障测距等功能综合在一起的装置称为保护单元；而把测量、控制及信号采集功能综合在一起的装置称为控制单元，两者统称为间隔层。过程层主要是指变电站内的变压器和断路器、隔离开关以及辅助触点、电流互感器、电压互感器等一次设备。传统的集中式及分布式变电站自动化系统其信息采集来源于常规的电磁型电流/电压互感器，TA 的额定输出信号为 1A 或 5A，TV 的额定输出信号为 100V 或 $100/\sqrt{3}$ V，因此，变电站 IED 设备必须通过电磁变换回路将常规电磁型电流互感器、电压互感器的二次输出信号变换为适合于微电子电路的低电平信号。通过对应于每台设备的电缆线将这些测量值传送至继电保护、测控、计量测量及自动化系统中，其体系结构如图 9-1 所示。

常规变电站自动化系统应用的特点是变电站二次系统采用单元间隔的布置形式，装置之间相互独立，装置之间缺乏整体的协调和功能优化，输入信息不能共享，接线繁琐，系统扩展比较复杂。常规变电站主要有以下 4 方面的缺点。

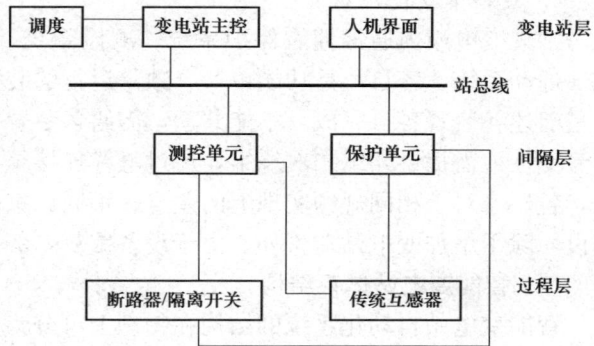

图 9-1　常规变电站体系结构示意图

1. 网络结构复杂，接线繁琐

常规变电站的监视、控制、保护、故障录波、测量与计量等，几乎都是功能单一、相互独立的装置和系统，导致变电站内的网络结构复杂，接线繁琐。如 220kV 线路保护动作后，需将保护动作信息上传至监控系统，一部分信号（如线路保护动作、重合闸动作等）通过保护装置出口继电器的硬触点通过电缆连接至本线路间隔的监控单元，再传至前置机；另一部分完整的保护动作信号则从保护的 485 口通过超五类屏蔽线接入故障信息子站系统，再通过串口通信线传至前置机。可见由于站内信息不能共享，造成站内接线网络结构复杂，接线相当繁琐，带来施工调试和运行维护的困难。

2. 规约种类繁多、中间转换环节复杂

变电站内设备众多，且在集中公开招投标的背景下，各批次招标的设备都不再是一个厂家的装置。各厂家之间的规约种类繁多，在变电站系统组建时，往往要增加中间转换环节（装置本身进行规约转化或增加硬件进行规约转化），给调试和维护带来大量的工作量。此外，由于中间转化环节复杂，可能会给系统的可靠性带来影响。在系统出现缺陷的时候，常常会无法确定是哪个环节出现问题，则需要出现问题的环节的相关厂家和运行单位共同配合下才能查清问题，拖延了缺陷的快速处理。

3. 二次电缆对系统可靠性的影响

虽然现有变电站自动化系统实现了设备的智能化，但这些设备之间以及与一次系统设备和变电站自动化系统之间大多采用二次电缆相连接，二次系统的安全性取决于变电站二次设备的耐受电磁干扰的能力，需确保引入到设备的电磁干扰低于装置本身可以耐受的水平。实际运行中由于种种原因，经常发生由于二次电缆遭受电磁干扰和一次设备传输的电压引起设备运行异常。尽管电力行业的相关规定中要求继电保护二次回路一点接地，但由于二次回路接地点的状态无法实时检测，二次回路两点接地的情况仍时有发生，并对继电保护产生不良影响，甚至造成继电保护误动作。

此外，由于二次电缆的大量采用，无法实时监视电缆连接的正确性和压接的良好性。虽然现在继电保护装置和监控单元实现自身的智能化，能通过实时自检来进行异常报警。而对于电缆回路，除模拟量的电流、电压回路，在一定的判据情况下可进行回路异常报警，其他大量的回路如断路器控制回路、保护跳闸回路、遥信遥控回路，均无法做到在线监测其连接的良好性。因此二次专业的状态检修无法推广，还必须按照检修周期对保护设备、自动化设备进行检修，除了装置本身校验外，更主要的工作就是保证电缆回路的正确性和良好性。

4. 设备重复投入建设

常规变电站内通常拥有保护系统、测控系统、计量系统、录波系统、故障信息子站系统、远动系统，各自均是功能单一、独立运行的装置或系统。简单而言，对于电流采样，由于是前述各装置各自完成，不能共享，需给各装置提供满足不同准确度的流变二次绕组，一相流变往往需提供几组二次绕组，通过电缆连接至不同装置。由于缺乏统一的功能和接口规范，各厂家对于相同规约实现上的差异，不同厂家的智能设备缺乏互操作性。设备重复投入建设，除了增加变电站造价外，由于设备重复，势必带来运行可靠性的下降。

二、智能变电站体系结构

智能变电站自动化系统的结构在物理上可分为智能化的一次设备和网络化的二次设备两类。根据 IEC61850 通信协议将变电站在逻辑上分为站控层、间隔层、过程层三层体系结构。目前，国内新建智能变电站自动化系统普遍采用"三层一网"结构。

过程层是一次设备与二次设备的结合面，或者说过程层是指智能化电气设备的智能化部分。过程层的主要功能分 3 类。

（1）电力运行的实时电气量检测。与传统的功能一样，主要是电流、电压、相位以及谐波分量的检测，其他电气量如有功、无功、电能量可通过间隔层的设备运算得出。与常规方式相比所不同的是，传统的电磁式电流互感器、电压互感器被光电电流互感器、光电电压互感器取代；采集传统模拟量被直接采集数字量所取代。这样做的优点是抗干扰性能强，绝缘和抗饱和特性好，断路器装置实现了小型化、紧凑化。

（2）运行设备的状态参数在线检测与统计。变电站需要进行状态参数检测的设备主要有变压器、断路器、隔离开关、母线、电容器、电抗器以及直流电源系统。在线检测的内容主要有温度、压力、密度、绝缘、机械特性以及工作状态等数据。

（3）操作控制的执行与驱动。操作控制的执行与驱动包括变压器分接头调节控制，电容、电抗器投切控制，断路器、隔离开关分合控制，直流电源充放电控制。过程层的控制执行与驱动大部分是被动的，即按上层控制指令而动作，如接到间隔层保护装置的跳闸指令、电压无功控制的投切命令、对断路器的遥控分合命令等。在执行控制命令时具有智能性，能判别命令的真伪及其合理性，还能对即将进行的动作精度进行控制，能使断路器定相合闸，选相分闸，在选定的相角下实现断路器的关合和开断，要求操作时间限制在规定的参数内。又如，对真空断路器的同步操作要求能做到断路器触头在零电压时关合，在零电流时分断等。

间隔层设备的主要功能如下：①汇总本间隔过程层实时数据信息；②实施对一次设备保护控制功能；③实施本间隔操作闭锁功能；④实施操作同期及其他控制功能；⑤对数据采集、统计运算及控制命令的发出具有优先级别的控制；⑥承上启下的通信功能，即同时高速完成与过程层及站控层的网络通信功能。必要时，上下网络接口具备双口全双工方式，以提高信息通道的冗余度，保证网络通信的可靠性。

站控层的主要任务如下：①通过两级高速网络汇总全站的实时数据信息，不断刷新实时数据库，按时登录历史数据库；②按既定规约将有关数据信息送向调度或控制中心；③接收调度或控制中心有关控制命令并转间隔层、过程层执行；④具有在线可编程的全站操作闭锁控制功能；⑤具有（或备有）站内当地监控、人机联系功能，如显示、操作、打印、报警，甚至图像、声音等多媒体功能；⑥具有对间隔层、过程层诸设备的在线维护、在线组态、在线修改参数的功能；⑦具有（或备有）变电站故障自动分析和操作培训功能。

一网是指三网合一，即网络采用采样值服务（Sampled Value，SV）、面向通用对象变电站事件（Generic Object Oriented Substation Event，GOOSE）、制造报文规范（Manufacturing Message Specification，MMS）"三网合一"传输方式，分布、开放式网络系统。站控层与间隔层按 IEC61850 协议构建星形网络，后台系统按照 IEC61850 协议统一建模，分层分布实现电气设备间的信息共享和互操作。在站控层和间隔层之间的网络通信采用抽象通信服务接口映射到制造报文规范（MMS）、传输控制协议/网际协议（TCP/IP）；在间隔层和过程层之间的网络采用单点向多点的单向传输以太网。变电站内的智能电子设备、测控设备和继电保护均采用统一的协议，通过网络进行信息交换。智能变电站典型体系结构如图 9-2 所示。

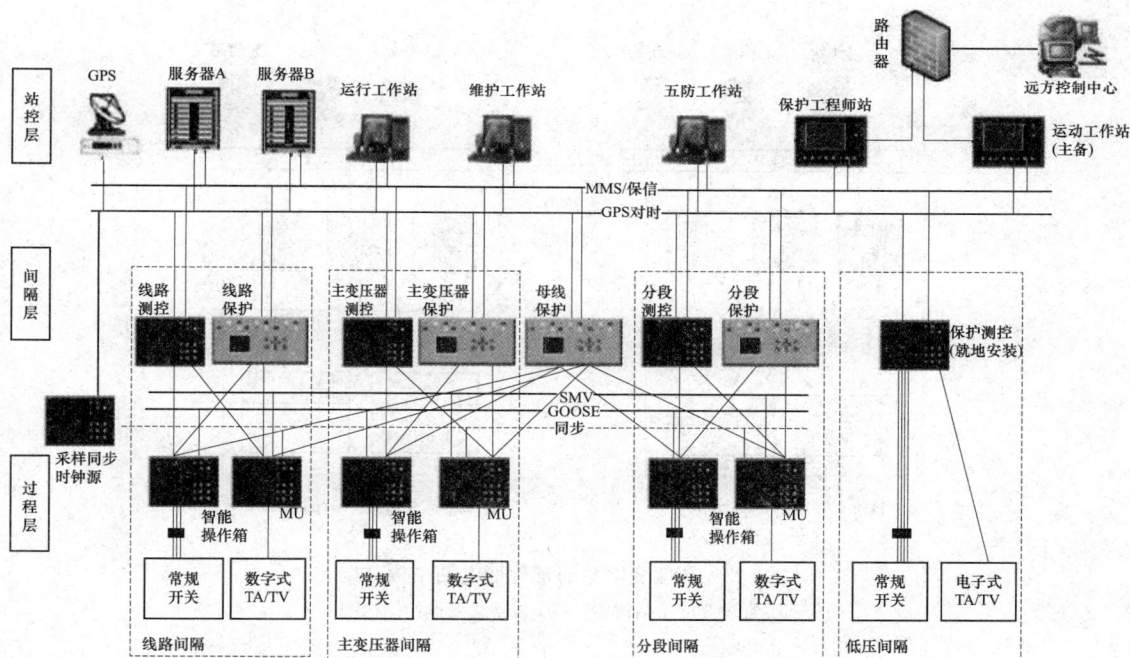

图 9-2　智能变电站典型体系结构

三、智能变电站与常规变电站的区别

常规变电站基于微电子技术的智能电子装置（IED）必须通过电磁变换回路将常规电磁式电流互感器的二次输出信号变换为适合于微电子电路的低电平信号，同时由于常规变电站自动化系统应用的特点，装置之间相对独立，同时缺乏整体的协调和功能优化，存在常规 TA 二次负荷、信息难以共享、IED 设备缺乏统一的功能和接口规范、通信标准的采用缺乏一致性和电力系统的可靠性受二次电缆影响较大等问题。

与常规变电站体系结构相比，智能变电站增加了过程层网络及设备，用于实现信息的共享以及间隔层设备与智能化一次设备之间的连接。智能化变电站间隔层和站控层的设备及网络接口只是接口和通信模型发生了变化，而过程层却发生了较大的改变。从对应的角度看，智能变电站过程层相当于常规变电站的二次电缆组成的回路，各智能设备之间的信息通过报文来交换，信息回路主要包括采样值回路、GOOSE 开关量输入输出回路等。由传统的电流互感器、电压互感器、一次设备以及一次设备与二次设备之间的电缆连接，逐步改变为电子式互感器、智能化一次设备、合并单元、智能终端、光纤连接。

综上所述，智能变电站使用电子式互感器取代了传统的电磁式互感器，二次设备硬件平台则采用基于嵌入式双以太网或带光纤收发接口的数字式继电保护及测控通信平台，同时满足数字信号及模拟信号的输入要求；采用 IEC61850 标准作为各层次内部及各层次间的统一通信规约，并可以兼容其他格式的通信协议；其继电保护、总控装置、测控单元、后台监控、故障录波及故障信息子站系统等可实现无缝集成多厂商、多型号的产品，不存在因通信规约不同而引起的无法互操作的问题；站控层的实时数据库则采用与 IEC61850 的模型一致的建模方法，以实现站端一次设备的程序化控制。智能变电站与常规变电站结构对比如图 9-3 所示。

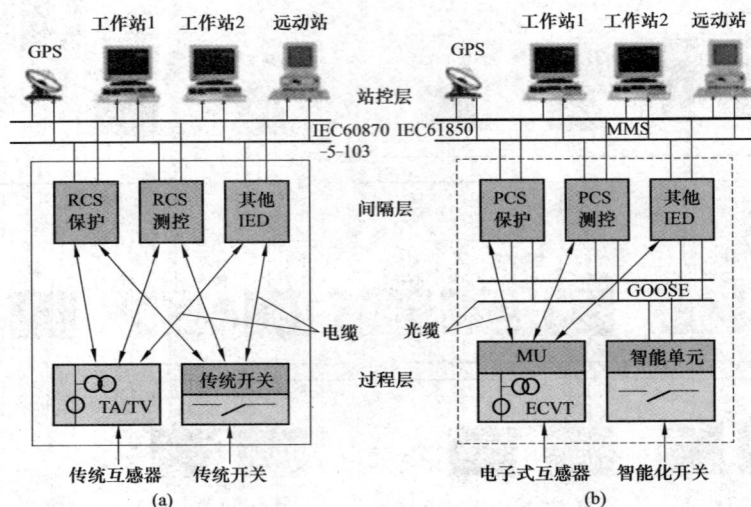

图 9-3 智能变电站与常规变电站结构对比

(a) 常规变电站结构图；(b) 数字化变电站结构图

常规变电站二次系统采用单元间隔的布置形式，装置之间相互独立，装置之间缺乏整体的协调和功能优化，输入信息不能共享，接线繁琐、系统扩展比较复杂。而智能变电站采用智能化的一次设备和网络化的二次设备，IEC61850 将数字化变电站分为过程层、间隔层和站控层，各层内部及各层之间采用高速网络通信，并提供了完备的 IEC61850 工程工具，用以生成符合 IEC61850-6 规范的 SCL 文件，可在不同厂家的工程工具之间进行数据信息交互，实现数据共享和融合。智能变电站相对于传统站而言，拥有一次设备智能化、二次设备网格化、自动运行管理系统化等技术特点，是变电站的发展方向。

第三节　智能变电站过程层典型配置及工程实例

一、智能变电站过程层典型配置

继电保护功能并不需要数据完全充分共享，其目标是充当变电站的安全卫士，即使在其他任何系统瘫痪时，仍能快速、可靠地保护被保护设备的安全，因此为达到这个目的，必须要求继电保护正常工作时所依赖的设备最少。常规的继电保护装置独立性很强，从采样、判断、到跳闸出口，并不太依赖于其他相关设备。而采用数字化网络后，继电保护的安全可靠性更多的与过程层的采样值网络与过程层 GOOSE 网络有关。

常规保护接线如图 9-4 所示，两个线路间隔之间，常规保护并无信息交换，它们与母线保护之间有信息交互，对母线保护来说实际上也是一点对 N 点的信息交互，而接入母线保护的各个间隔之间并不需要信息交互。因此，智能变电站过程层的规划设计应从继电保护"选择性、可靠性、灵敏性、速动性"四性为出发点，并尽量考虑工程简化，提高变电站可靠性与稳定性。继电保护设备对实时性、可靠性要求高，应采用"直采直跳"的方式，对于断路器位置、启动失灵、闭锁重合闸等 GOOSE 信号采用网络方式传输；测控、计量等实时性要求不高的设备，采样

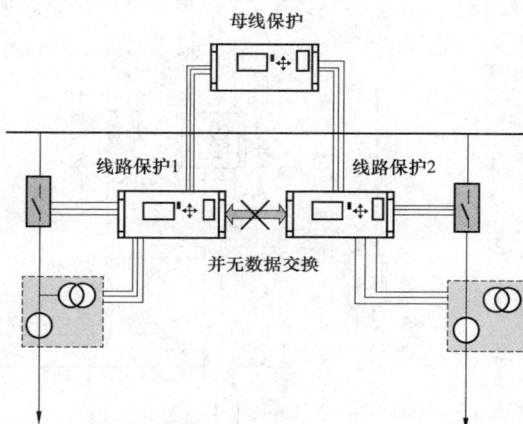

图 9-4　常规保护接线方式

值可采用组网方式传输，控制命令、位置信号、告警信号等 GOOSE 采用网络方式传输，但采样值网络和 GOOSE 网络分开，以保证网络的可靠性。

下面以 220kV 电压等级的变电站为例介绍智能变电站过程层的典型配置。

（一）220kV 线路间隔

以 220kV 线路为例，配置 2 套包含有完整的主、后备保护功能的线路保护装置，各自独立组屏。合并单元、智能终端采用双套配置，保护采用安装在线路上的电子式电压互感器或组合式电子式电压/电流互感器获得电流、电压。若采用保护测控一体化装置，则不需要配置独立的测控装置，若保护、测控采用独立的装置，则每回线路单独配置 1 套测控装置。线路间隔内采用保护装置与智能终端之间的点对点直接跳闸方式，保护点对点直接采样。跨间隔信息（启动母线保护失灵功能和母线保护动作远跳功能等）采用 GOOSE 网络传输方式。测控装置的 GOOSE 也采用网络方式传输。测控、计量装置的采样值 SV 对于实时性要求不高，也可采用组网方式传输。线路间隔的技术实施方案如图 9-5 所示。

间隔合并单元和母线 TV 合并单元也接入 GOOSE 网，接收 GOOSE 信息，以实现母线电压的切换和电压并列功能。

（二）220kV 母线保护

母线保护按双重化进行配置，每套保护独立组屏。母线保护对采样值 SV 的实时性要求

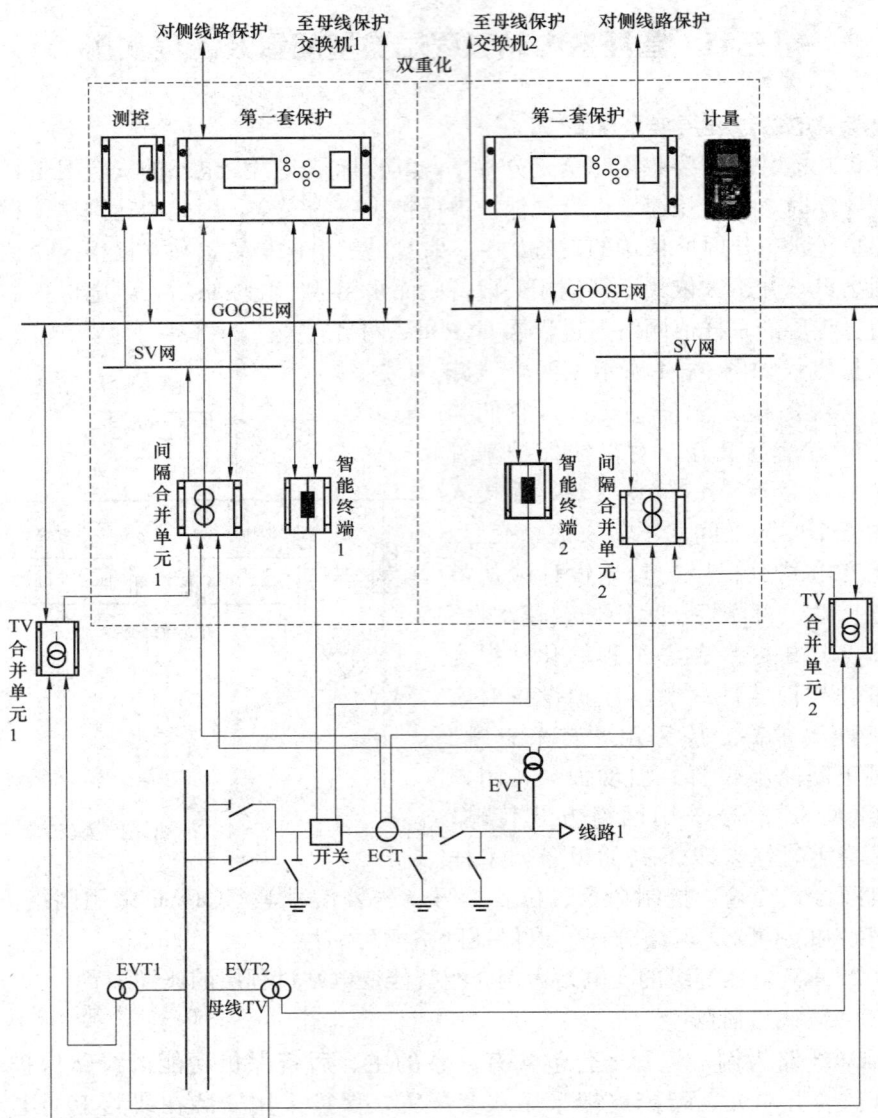

图 9 - 5 220kV 线路间隔技术实施方案

非常高，采用点对点的传输方式。母线保护跳闸对应母线上的所有间隔，包括线路、主变压器、母联，采用 GOOSE 直跳方式。母线保护的开入量（失灵启动、隔离开关位置触点、母联断路器过电流保护启动失灵、主变压器保护动作解除电压闭锁等）及闭锁线路重合闸等 GOOSE 信息采用网络方式传输。母线保护单套技术实施方案如图 9 - 6 所示，另一套母线保护与图中第一套母线保护完全一致。

（三）220kV 主变压器保护

主变压器保护按双重化进行配置，对应地各侧合并单元、智能终端均应采用双套配置。主变压器各侧采样值 SV 采用点对点直采的方式。主变压器跳各侧断路器用直跳方式，其余 GOOSE 信号以及主变压器与母联智能终端之间的 GOOSE 采用网络方式传输，为了使主变压器各侧的网络相互独立，可组建高、中、低三个 GOOSE 网络。主变压器保护合并单元、智能终端配置如图 9-7 所示。

非电量保护就地安装，有关非电量保护延时均在就地实现，采用电缆直接跳闸，现场配置智能终端上传非电量动作报文、调档及接地隔离开关控制信息。主变压器保护配置技术实施方案如图 9-8 所示。

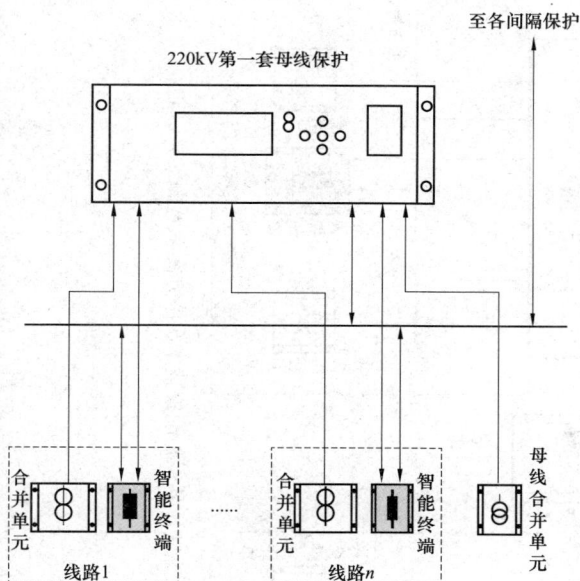

图 9-6　220kV 单套母线保护
GOOSE 网配置示意图

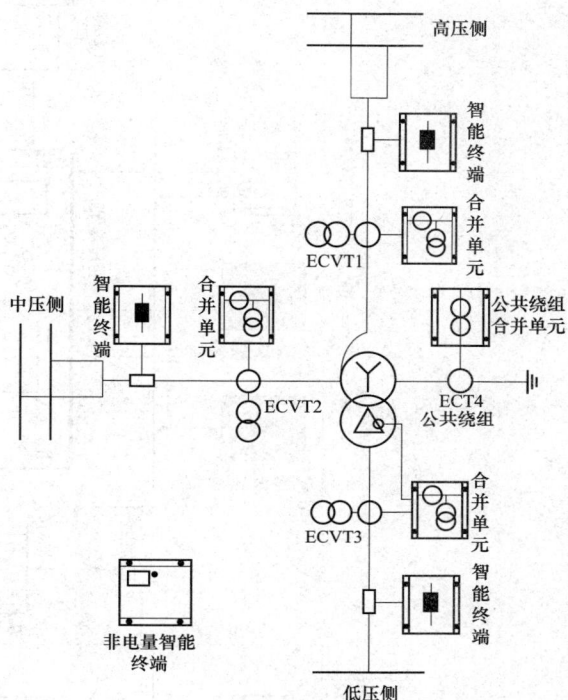

图 9-7　220kV 主变压器保护合并单元、
智能终端配置示意图

（四）220kV 母联（分段）保护

220kV 母联（分段）保护配置与 220k 线路保护配置类似，具体技术实施方案如图 9-9 所示。

上述典型配置方案的优点主要如下：

（1）网络安全可靠性高。点对点传输模式对于任意网络故障只影响最少连接设备，具有较高的安全性和可靠性；最大限度地避免了对交换机的依赖，避免了网络风暴的问题；网络复杂程度大大降低。

（2）保护可靠性高、速动性好。保护"直采直跳"方案所依赖的网络交换机最少，且母线保护、主变压器保护网络之间相互独立，可避免网络所带来的问题；间隔内不组网采用直跳的方式，提高了本间隔直跳的可靠性，避免了交换机级联带来的延时问题，网络延时对速动性的影响最小。

采样值点对点方案也保证了保护在失去统一对时钟的情况下的可靠运行，防止保护误动和拒动情况的发生。

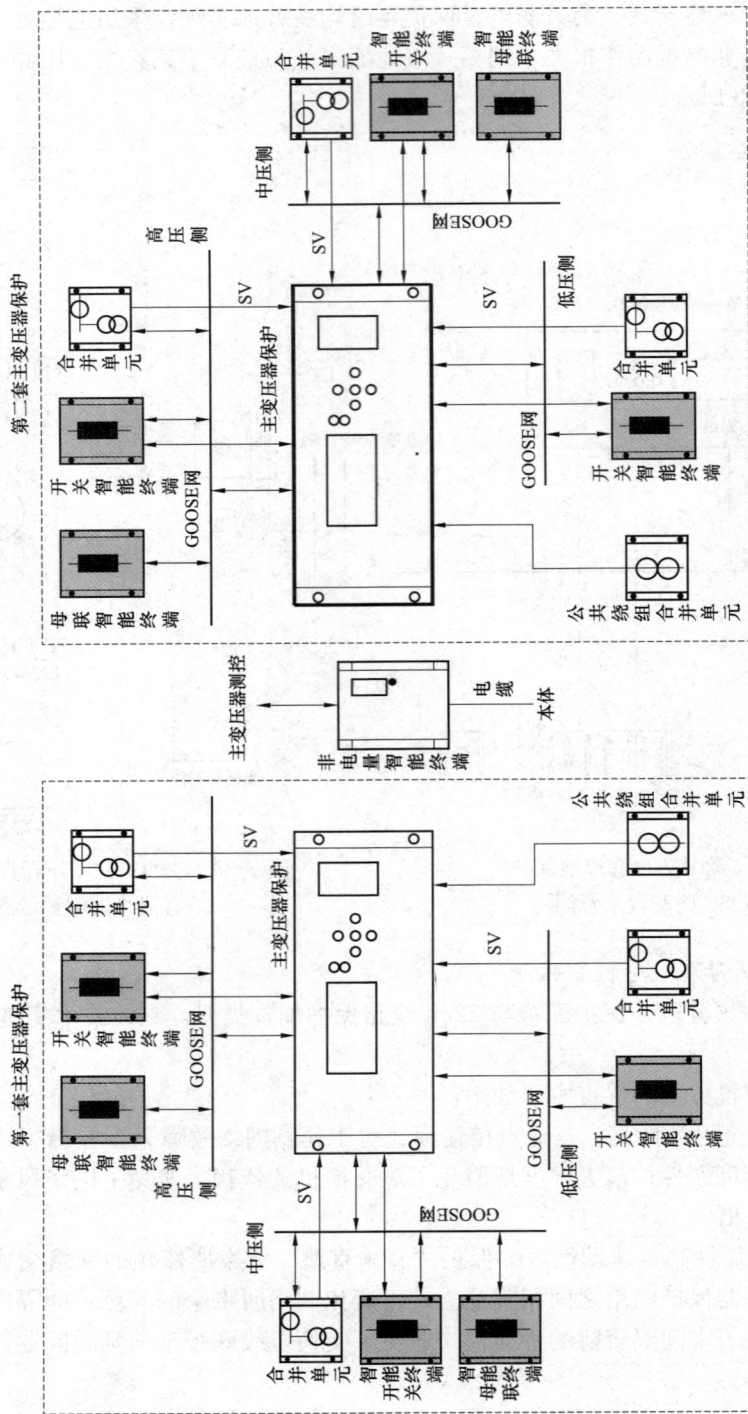

图 9-8 220kV 主变压器保护配置技术实施方案示意图

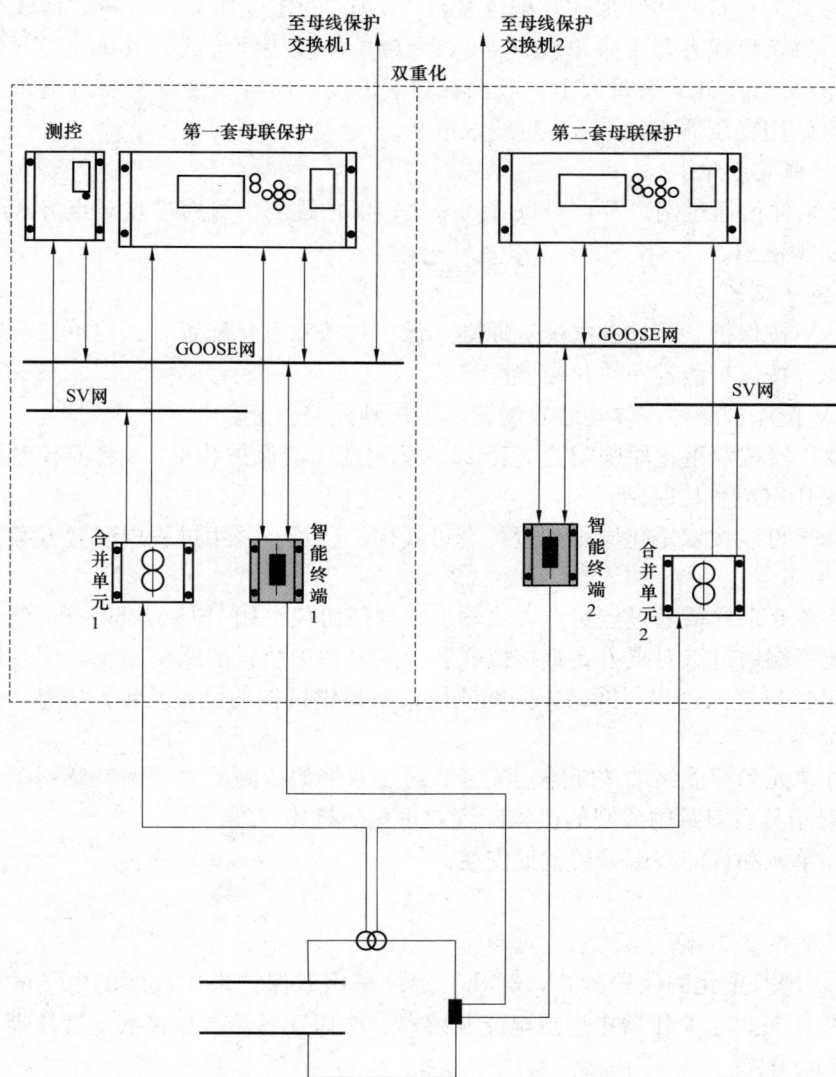

图 9-9　220kV 母联保护配置技术实施方案示意图

（3）运行检修方便。任何一个设备的检修或故障，不影响其他设备的正常运行；设备隔离安全措施方便，检修维护方便。

（4）运行和检修人员适应快。由于智能变电站设计理念与常规变电站有很多相通之处，网络复杂程度与常规变电站相似，系统配置工作量较低，技术难度大大降低，运行和检修人员比较容易适应数字化带来的工作方式变化，减小了人员出错的可能性。

（5）降低了变电站建设成本。该方案减少了高性能网络交换机的高昂成本，虽然单体装置网口增加可能导致硬件成本的增加，但综合来看该方案整体设备投资成本低于目前一些全数字化组网方案。

二、工程应用实例

以 220kV 智能变电站为例，介绍一、二次设备情况及二次回路。某 220kV 智能变电站，

220kV 接线形式为双母线接线形式，配置 2 台 YYd11 的主变压器；110kV 接线形式为双母线接线形式，每条母线有若干条出线；35kV 为单母分段接线形式，其中主变压器 35kV 各分支接入一条母线，35kV 各母线上一般也有若干出线，还有 6 台电容器或电抗器来提供无功补偿功能，站用变压器也从 35kV 母线取电。

（一）保护配置方案

本站 SV 采样值通过网络及点对点方式采集；保护跳闸信号通过点对点方式直接接入就地智能终端实现跳闸。

1. 保护装置配置

（1）220kV 按保护、测控独立配置原则，保护均按双重化配置，测控单套配置。

（2）110kV 按保护测控一体化装置配置。

（3）35kV 按保护测控一体化装置配置，下放到开关柜上。

（4）主变压器按双重化原则配置 2 套 220kV 主变压器保护装置、3 台测控装置，变压器非电量保护采用电缆直接跳闸。

（5）220kV 母线按双重化原则配置 2 套母线保护装置，采用过程层配置方案。

2. 配置原则

（1）合并单元采样值通过点对点方式输出，通信协议采用 IEC 61850 - 9 - 2。

（2）智能终端通过点对点方式直接接收各个间隔保护装置的跳闸命令，实现跳闸；同时提供光纤网络接口接入过程层网络，为间隔层设备提供机构的位置及告警信息，并接收测控装置的控制命令。

（3）合并单元和智能终端按断路器配置。对于双采集线圈的电子式互感器配置双重化的合并单元；对于具有双跳闸线圈的机构配置双重化的智能终端。

（4）合并单元和智能终端采用就地安装。

3. 配置实例

（1）220kV 配置方案。

1）为了实现双重化的保护配置，220kV 等级采用双保护采集线圈的电子式互感器，合并单元双重化配置。主变压器中性点电流互感器、电压互感器数据接入主变压器高压侧合并单元，不再独立配置。

2）合并单元应满足线路保护、母线保护、网络对光纤接口数量的要求。合并单元采用就地安装方式。

3）220kV 断器为分相操动机构，并具备 2 个跳闸线圈，因此每个断路器配置双重化的具备分相跳合闸功能的智能终端。

4）智能终端同时具备网络和点对点传输 GOOSE 信息的光纤接口。断路器智能终端应满足线路保护跳合闸（或主变压器跳闸）、母线保护跳闸、测控开入开出网络接口等 3 个光纤接口。智能终端采用就地安装方式。

（2）主变压器本体配置方案。主变压器的本体非电量保护对实时性和可靠性要求较高，因此跳闸采用电缆直跳各侧断路器的方式。主变压器就地配置本体智能终端，具备非电量保护功能，同时可以采集主变压器挡位、温度和遥调控制。本体智能终端单套配置，提供 2 个 GOOSE 网络接口分别接入双重化的过程层网络。

智能变电站保护装置原理与常规变电站完全相同，故电力设计院在新建智能变电站保护装置图纸中省略了二次展开图部分，保留交直流回路图、装置背面接线图和端子排图等，增加了交换机背面接线图、光纤配线箱接线图、SV 及 GOOSE 网络回路图。本文以 220kV 线路为例，重点介绍 SV 及 GOOSE 网络回路图。

（二）220kV 线路二次回路

某 220kV 线路是双重化的保护配置，分别为南瑞继保的 PCS-931 保护装置和国电南自的 PSL-602U 保护装置。

1. PCS-931 保护装置

220kV 线路间隔内采用保护装置与智能终端之间的点对点直接跳闸方式，保护点对点直接采样。跨间隔信息（启动母线保护失灵功能和母线保护动作远跳功能等）采用 GOOSE 网络传输方式。PCS-931 保护装置 SV 及 GOOSE 网络回路如图 9-10 所示。

图 9-12 中，B01 为 PCS-931 线路保护装置的通信插件，此插件使用内部总线接收装置内其他插件的数据，通过 RS-485 总线与 LCD 板通信。此插件具有 2 路 100BaseT 以太网接口、2 路 RS-485 外部通信接口、PPS/IRIG-B 差分对时接口。B06 为 PCS-931 线路保护装置的主 DSP 插件，DSP 插件通过 CAN 总线和 HTM 总线与装置内其他插件实现数据交换，通过 RS-232 总线实现显示和调试数据通信。该插件设计有 6 个光纤接口，一个光对时口。DSP 插件还可以实现光 IRIG-B 码对时，支持 IEC61850-9-2 和 GOOSE 组网接收、发送，也可以实现点对点 IEC61850-9-2 和 GOOSE 接收、发送。装置 11n 为安装在保护屏上的过程层交换机 A，共 12 个光纤接口。CSI-2000EA/E 装置是北京四方的数字式综合测量控制装置，与后台、远动等装置构成站内通信网，主要上送本间隔三相电压有效值、三相电流有效值、$3U_0$、$3I_0$、有功、无功、频率等信息量。

其中 DSP 插件第 1 个光口是 220kV 线路直采 SV，传输的信号为电子式互感器输出的电气量数字采样值，来自 220kV 线路合并单元 1。第 2 个光口是 220kV 线路直跳，传输网络实现控制数据的交换，主要是保护向智能断路器发出的 GOOSE 跳闸信号，至 220kV 线路智能终端 1。第 6 个光口是 220kV 线路保护装置 SV、GOOSE 组网，连接保护装置和过程层交换机 A 第 1 个光口，实现保护装置与过程层之间的 SV、GOOSE 信息交换。过程层交换机 A 第 2 个、第 3 个光口分别与 220kV 线路智能终端柜中的合并单元 1 和智能终端 1 相连，实现智能终端柜与过程层之间的 SV、GOOSE 组网。过程层交换机 A 第 2 个、第 3 个光口分别与 220kV 线路综合测量控制装置的光口相连，实现测控装置与过程层之间的 SV、GOOSE 信息交换。过程层交换机 A 第 16 个光口与 220kV 过程层中心交换机 A 级联，实现 220kV 线路间隔与 220kV 过程层之间的信息交换。

二次室内保护屏上装置之间的信息通信、信息交换可以通过尾缆连接，但保护屏与室外的智能终端柜上的合并单元、智能终端装置联络时，由于距离比较远，只能通过光缆相连接。光缆和尾缆不能直接相连，光缆和尾缆之间需通过光纤配线架。光纤配线架是光传输系统中一个重要的配套设备，它主要用于光缆终端的光纤熔接、光连接器安装、光路的调接、多余尾纤的存储及光缆的保护。

PCS-931 保护柜光纤配线箱光缆连接如图 9-11 所示。图中可以看出，从 220kV 线路智能终端柜敷设了 2 根光缆，第 1 根光缆中包括 2 路 220kV 线路直采 SV 和 1 路 220kV 线路组网 SV，其中 1 路给 220kV 线路保护 PCS-931 装置使用，另 1 路进入光纤配线箱后转成尾缆去了 220kV 母线保护柜 1，供母差保护装置使用。第 2 根光缆中包括 2 路 220kV 线路直跳

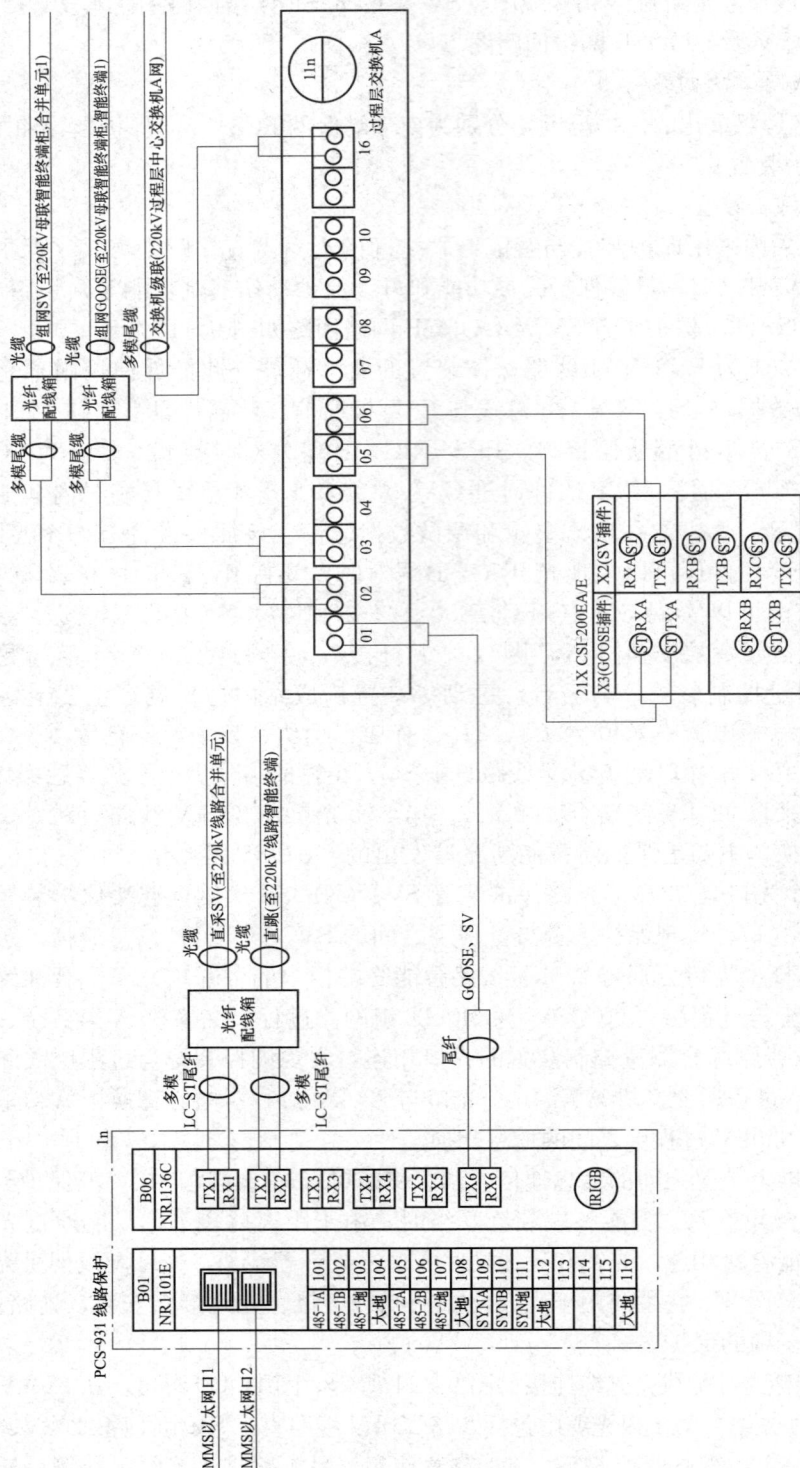

图 9 - 10 PCS - 931 保护装置 SV 及 GOOSE 网络回路图

GOOSE、1路组网GOOSE和2路GPS光纤对时。其中1路进入光纤配线箱后转成尾缆去了220kV母线保护柜1，作用是母差保护动作后直跳220kV线路，220kV线路保护也采用直跳方式。2路尾缆去了对时柜，用于智能终端柜中合并单元1和智能终端1的对时。第1根光缆和第2根光缆中各有1芯经光纤配线箱转换后去了11n交换机，用于SV、GOOSE组网。

PCS-931保护柜背视端子排如图9-12所示，从图中可以看出，智能变电站的保护装置屏后的端子排与常规变电站的保护装置屏后的端子排相比，二次电缆数量大大减少，只有直流电源和遥信信号的电缆，这正是智能变电站的优点之一。

2. PSL-602U保护装置

PSL-602U保护装置的SV及GOOSE网络回路图、保护柜光纤配线箱光缆连接图和保护柜背视端子排图与PCS-931保护装置的基本相同，区别只是PCS-931保护柜上安装有综合测量控制装置，PSL-602U保护柜上没有安装测控装置，安装了电能表，因此PSL-602U保护装置的SV及GOOSE网络回路图上，没有了去测控装置的光纤连线，增加了去电能表的直采SV。PSL-602U保护装置的SV及GOOSE网络回路图、保护柜光纤配线箱光缆连接图和保护柜背视端子排如图9-13～图9-15所示。

（三）220kV主变压器二次回路

220kV主变压器是双重化的保护配置，分别为南瑞继保的PCS-978保护装置和深圳南瑞的PRS-778D保护装置。主变压器配置双套合并单元及智能终端，采用点对点方式分别接入双套主变压器保护，满足直采直跳需求。启动断路器失灵，解除复压闭锁，启动失灵联跳主变压器各侧及变压器跳分段（母联）采用GOOSE网络传输方式。合并单元提供给测控、录波、网络分析仪等设备的采样数据可采用SV网络传输方式，也可采用点对点方式传输。非电量保护及本体智能终端可采用集成配置，通过GOOSE网上传非电量动作信息、调挡及接地刀闸控制信息。下面具体介绍PCS-978保护装置和PRS-778D保护装置的二次回路。

1. PCS-978保护装置

220kV主变压器三侧采用保护装置与智能终端之间的点对点直接跳闸方式，保护点对点直接采样。跨间隔信息（启动母线保护失灵功能和变压器后备保护动作闭锁备自投功能等）采用GOOSE网络传输方式。PCS-978主变压器保护装置SV及GOOSE网络回路如图9-16所示。

图9-16中，B01是变压器保护装置的通信插件，此插件具有4路100BaseT以太网接口。B07为PCS-978变压器保护装置的主DSP插件。该插件设计有8个光纤接口。DSP插件支持IEC61850-9-2和GOOSE组网接收发送，主要实现变压器220kV侧点对点SV、GOOSE信息及变压器220kV侧本体直采SV等信息的接收发送。B09为PCS-978变压器保护装置的主DSP插件，该插件设计有8个光纤接口，主要实现变压器110kV侧点对点SV、GOOSE信息，35kV侧点对点SV、GOOSE信息及变压器110kV侧本体直采SV等信息的接收发送。装置11n为安装在保护屏上的220kV过程层交换机，共10个光纤接口，主要实现变压器220kV侧SV、GOOSE信息组网。装置12n为110kV过程层交换机，共10个光纤接口，主要实现变压器110kV侧SV、GOOSE信息组网。

其中B07插件第1个光口是变压器220kV侧直采SV，传输的信号为电子式互感器输出的电气量数字采样值，来自变压器220kV侧智能终端柜中的合并单元。第2个光口是变压器220kV侧直跳，传输网络实现控制数据的交换，主要是变压器保护向断路器发出的GOOSE

1X光纤尾配线箱

	01	02	03	04	05	06	07	08	09	10	11	12
1C	01	02	03	04	05	06	07	08	09	10	11	12
2C	01	02	03	04	05	06	07	08	09	10	11	12

1X光纤配线箱

端口		出	端口类型	进	光纤配线箱端口类型	说明
1C	01	1n PCS_931 B06插件光纤接口1	多模,LC	220kV 线路智能终端柜	多模,ST	直采SV
	02		多模,LC	220kV 线路智能终端柜	多模,ST	至220kV线路智能终端柜,合并单元1
	03	转成尾缆去220kV母线保护柜	多模,LC	220kV 线路智能终端柜	多模,ST	直采SV
	04		多模,LC	220kV 线路智能终端柜	多模,ST	至220kV线路智能终端柜,合并单元1
	05	1n交换机	多模,LC	220kV 线路智能终端柜	多模,ST	组网SV
	06		多模,LC	220kV 线路智能终端柜	多模,ST	至220kV线路智能终端柜,合并单元1
	07				多模,ST	备用芯
	08				多模,ST	备用芯
	09				多模,ST	备用芯
	10				多模,ST	备用芯
	11				多模,ST	备用芯
	12				多模,ST	备用芯
2C	01	1n PCS-931 B06插件光纤接口2	多模,LC	220kV 线路智能终端柜	多模,ST	直跳
	02		多模,LC	220kV 线路智能终端柜	多模,ST	至220kV线路智能终端柜,智能终端1
	03	转成尾缆去220kV母线保护柜	多模,LC	220kV 线路智能终端柜	多模,ST	直跳
	04		多模,LC	220kV 线路智能终端柜	多模,ST	至220kV线路智能终端柜,智能终端1
	05	1n交换机	多模,LC	220kV 线路智能终端柜	多模,ST	组网GOOSE
	06		多模,LC	220kV 线路智能终端柜	多模,ST	至220kV线路智能终端柜,智能终端1
	07	转成尾缆去对时柜	多模,ST		多模,ST	光纤对时(至220kV线路智能终端柜,合并单元1)
	08	转成尾缆去对时柜	多模,ST		多模,ST	光纤对时(至220kV线路智能终端柜,智能终端1)
	09				多模,ST	
	10				多模,ST	
	11				多模,ST	
	12				多模,ST	

采用12芯光缆至220kV线路智能终端端（1C区）

采用12芯光缆至220kV线路智能终端端（2C区）

图9-11 PCS-931 保护柜光纤配线箱光缆连接图

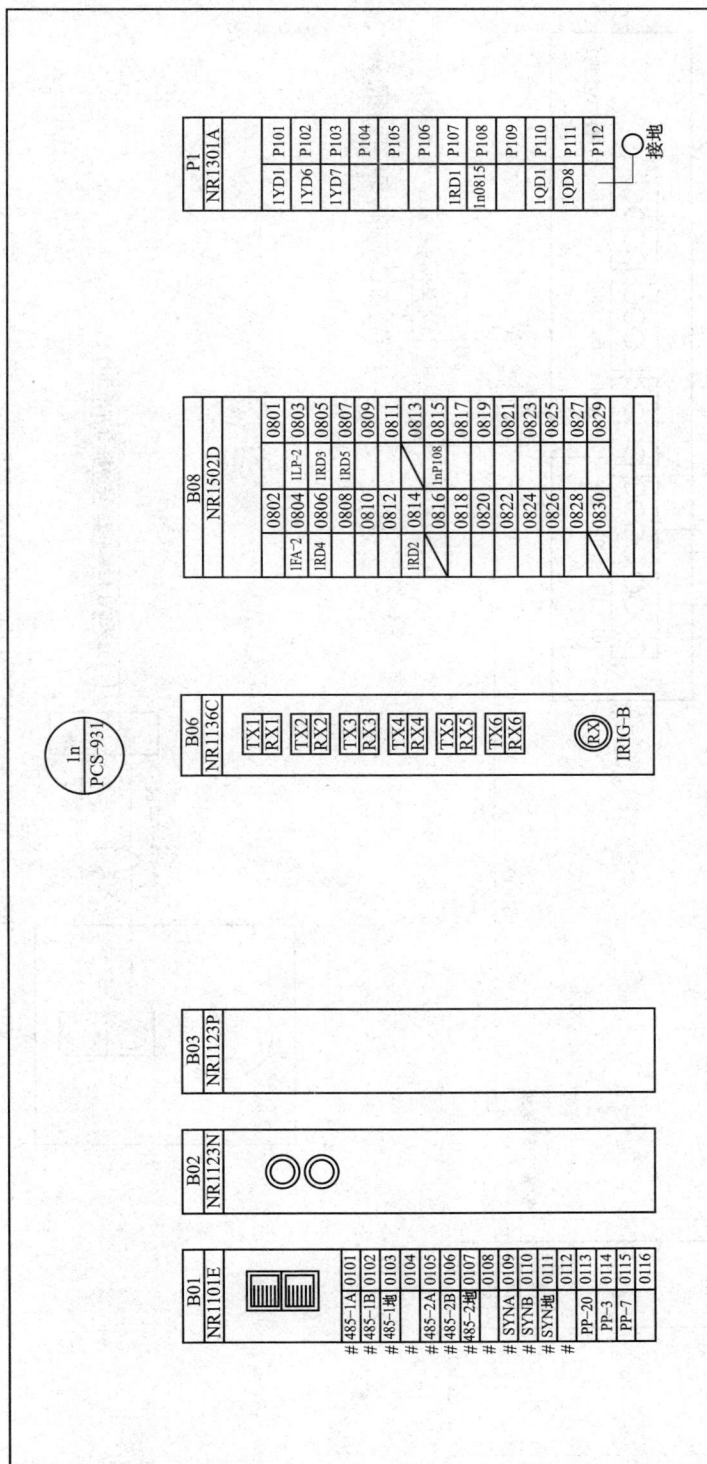

图 9-12 PCS-931 保护柜背视端子排图

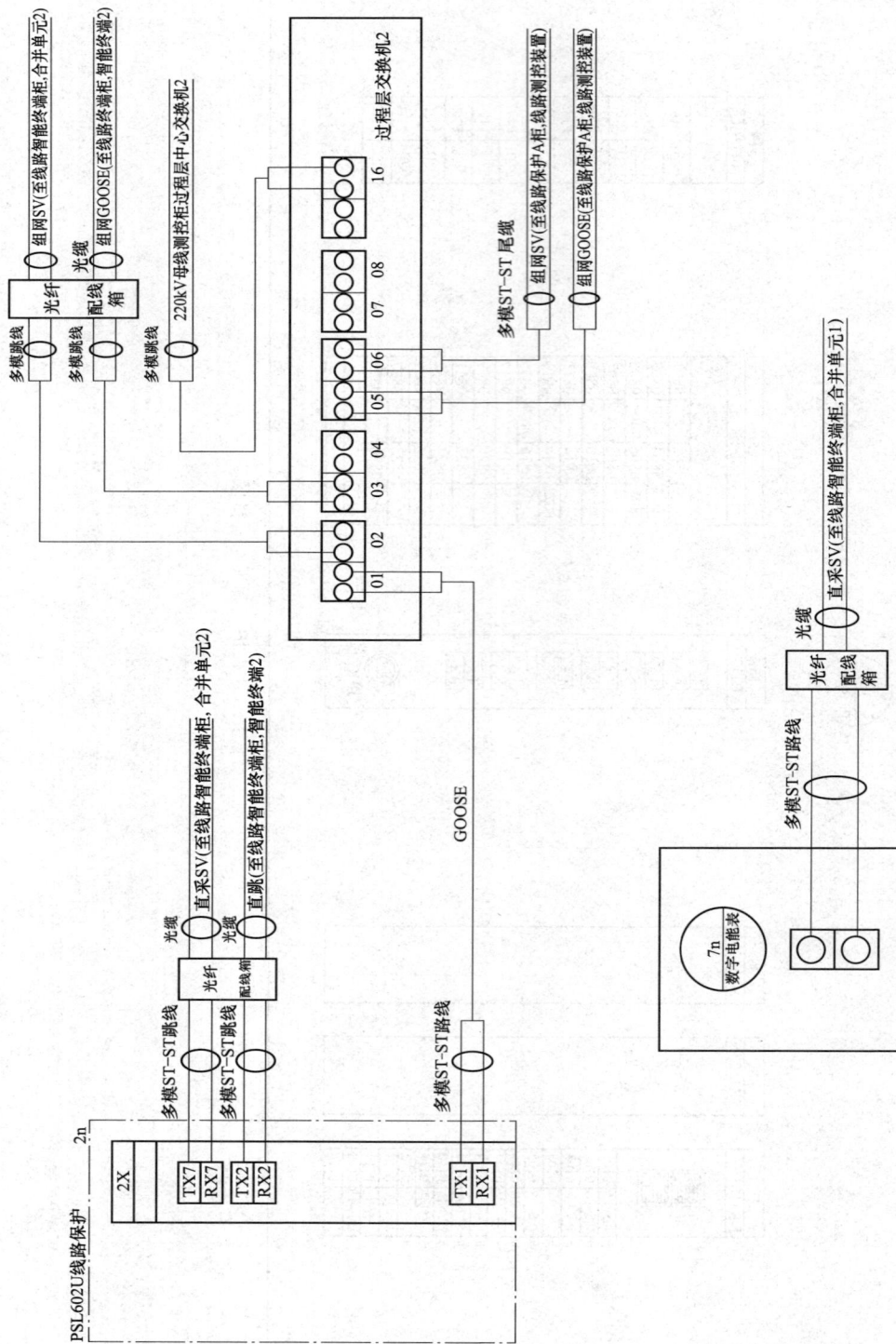

图 9-13　PSL-602U 保护装置 SV 及 GOOSE 网络回路图

J2光纤配线箱

	01	02	03	04	05	06	07	08	09	10	11	12
1C	01	02	03	04	05	06	07	08	09	10	11	12
2C	01	02	03	04	05	06	07	08	09	10	11	12

J2光纤配线箱

	端口	出	端口类型	进	光纤配线箱端口类型	说明
1C	01	2n PSL-602U	多模,LC	220kV线路智能终端柜	多模,ST	直采SV(至线路智能终端柜,合并单元2)
	02		多模,LC	220kV线路智能终端柜	多模,ST	直采SV(至线路智能终端柜,合并单元2)
	03	转成尾缆去220kV母线保护柜II,	多模,ST	220kV线路智能终端柜	多模,ST	组网SV(至线路智能终端柜,合并单元2)
	04	母线保护装置	多模,ST	220kV线路智能终端柜	多模,ST	
	05	过程层交换机2光纤接口	多模,ST		多模,ST	组网GOOSE(至线路智能终端柜,合并单元2)
	06		多模,ST		多模,ST	
	07	过程层交换机2光纤接口	多模,ST		多模,ST	
	08		多模,ST		多模,ST	
	09				多模,ST	备用芯
	10				多模,ST	备用芯
	11				多模,ST	
	12				多模,ST	
2C	01	2n PSL-602U	多模,LC	220kV线路智能终端柜	多模,ST	直跳GOOSE(至线路智能终端柜,智能终端2)
	02		多模,LC	220kV线路智能终端柜	多模,ST	直跳GOOSE(至线路智能终端柜,智能终端2)
	03	转成尾缆去220kV母线保护柜II,	多模,LC	220kV线路智能终端柜	多模,ST	组网GOOSE(至线路智能终端柜,智能终端2)
	04	母线保护装置	多模,LC	220kV线路智能终端柜	多模,ST	组网GOOSE(至线路智能终端柜,合并单元2)
	05	过程层交换机2光纤接口	多模,ST	220kV线路智能终端柜	多模,ST	光纤对时(至线路智能终端柜,智能终端2)
	06		多模,ST	220kV线路智能终端柜	多模,ST	光纤对时(至线路智能终端柜,智能终端2)
	07	转成尾缆去220kV小室对时柜	多模,ST		多模,ST	
	08	转成尾缆去220kV小室对时柜	多模,ST		多模,ST	
	09				多模,ST	备用芯
	10				多模,ST	备用芯
	11				多模,ST	备用芯
	12				多模,ST	备用芯

采用12芯光缆 线路智能终端柜

采用12芯光缆 线路智能终端柜

图9-14 PSL-602U保护柜光纤配线箱光缆连接图

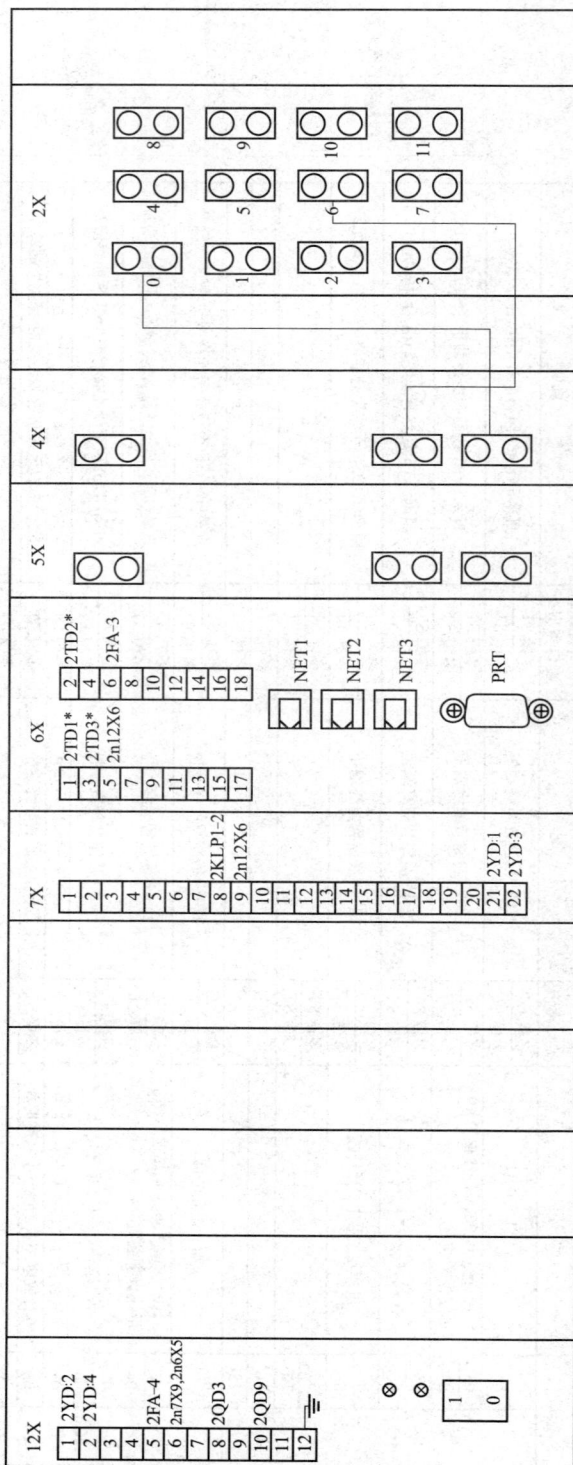

图 9－15　PSL－602U 保护柜背视端子排图

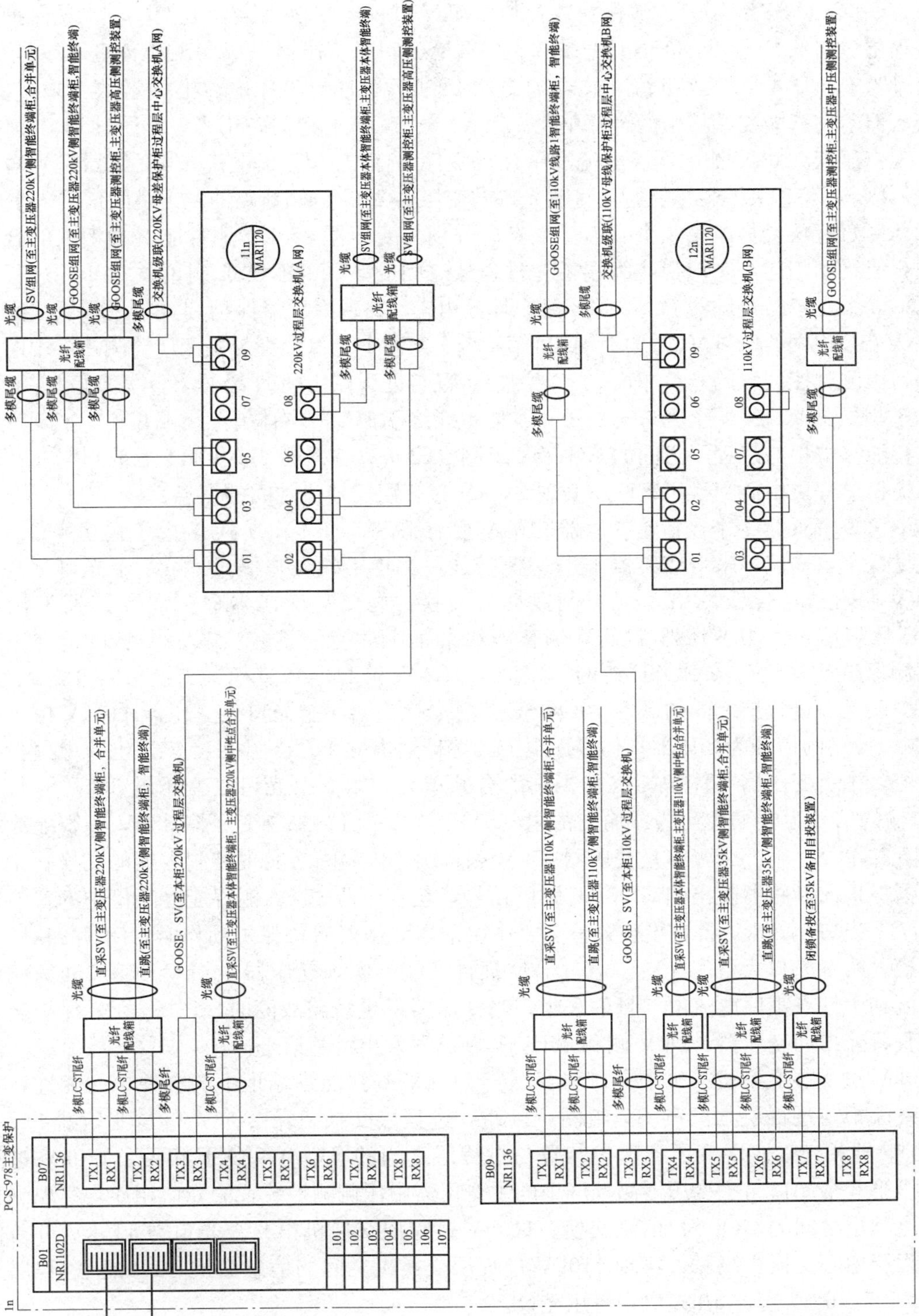

图 9 - 16 PCS - 978 主变压器保护装置 SV 及 GOOSE 网络回路图

跳闸信号，至变压器 220kV 侧智能终端柜中的智能终端。第 3 个光口是变压器 220kV 侧保护装置 SV、GOOSE 组网，连接保护装置和 220kV 过程层交换机第 3 个光口，实现保护装置与过程层之间的 SV、GOOSE 信息交换。第 4 个光口是变压器 220kV 侧本体直采 SV，传输的信号为变压器本体零序电流互感器输出的 220kV 中性点零序电流电气量数字采样值，来自变压器本体智能终端柜中的合并单元。第 5、6、7、8 光口为备用光口。通过 B07 插件，能够实现变压器 220kV 侧电压、电流和中性点零序电流电气量的采集，当变压器发生短路故障时，PCS－978 保护装置能通过直跳光口向变压器 220kV 侧断路器发出跳闸信号。

220kV 过程层交换机第 1 个、第 2 个光口分别与变压器 220kV 侧智能终端柜中的合并单元和智能终端相连，实现智能终端柜与过程层之间的 SV、GOOSE 组网。220kV 过程层交换机第 3 个光口与变压器 PCS－978 保护装置相连，实现变压器保护装置与过程层之间的 SV、GOOSE 组网。220kV 过程层交换机第 4 个、第 5 个光口分别与主变压器测控屏中的主变压器高压侧测控装置的光口相连，实现测控装置与过程层之间的 SV、GOOSE 信息交换。220kV 过程层交换机第 6 个光口与变压器本体智能终端柜中的本体智能终端相连，实现变压器本体智能终端柜与过程层之间的 GOOSE 组网。220kV 过程层交换机第 9 个光口与 220kV 母差保护柜过程层中心交换机级联，实现 220kV 过程层交换机之间的信息交换。

其中 B09 插件第 1 个光口是变压器 110kV 侧直采 SV，传输的信号为电子式互感器输出的电气量数字采样值，来自变压器 110kV 侧智能终端柜中的合并单元。第 2 个光口是变压器 110kV 侧直跳，传输网络实现控制数据的交换，主要是变压器保护向断路器发出的 GOOSE 跳闸信号，至变压器 110kV 侧智能终端柜中的智能终端。第 3 个光口是变压器 110kV 侧保护装置 SV、GOOSE 组网，连接保护装置和 110kV 过程层交换机第 3 个光口，实现保护装置与过程层之间的 SV、GOOSE 信息交换。第 4 个光口是变压器 110kV 侧本体直采 SV，传输的信号为变压器本体零序电流互感器输出的 110kV 中性点零序电流电气量数字采样值，来自变压器本体智能终端柜中的合并单元。第 5 个光口是变压器 35kV 侧直采 SV，传输的信号为电子式互感器输出的电气量数字采样值，来自变压器 35kV 侧智能终端柜中的合并单元。第 6 个光口是变压器 35kV 侧直跳，传输网络实现控制数据的交换，主要是变压器保护向断路器发出的 GOOSE 跳闸信号，至变压器 35kV 侧智能终端柜中的智能终端。第 7 个光口至 35kV 备自投装置，主要作用是当变压器后备保护动作时，闭锁 35kV 分段备自投。第 8 光口为备用光口。通过 B09 插件，能够实现变压器 110kV 侧和 35kV 侧电压、电流和中性点零序电流电气量的采集，当变压器发生短路故障时，PCS－978 保护装置能通过直跳光口向变压器 110kV 侧和 35kV 侧断路器发出跳闸信号。

110kV 过程层交换机第 1 个光口与变压器 110kV 侧智能终端柜中的合并单元相连，实现智能终端柜与过程层之间的 SV 组网。110kV 过程层交换机第 2 个光口与变压器 PCS－978 保护装置相连，实现变压器保护装置与过程层之间的 SV、GOOSE 组网。110kV 过程层交换机第 3 个光口与主变压器测控屏中的主变压器中压侧测控装置的光口相连，实现测控装置与过程层之间的 GOOSE 信息交换。110kV 过程层交换机第 9 个光口与 110kV 母差保护柜过程层中心交换机级联，实现 110kV 过程层交换机之间的信息交换。110kV 过程层交换机第 4、5、6、7、8、10 光口为备用光口。

二次室内保护屏与室外的智能终端柜上的合并单元、智能终端装置联络时只能通过光缆相连接。图 9－17、图 9－18 分别为 PCS－978 变压器保护装置 1X、2X 光纤配线箱光缆连接图。

1X 光纤配线箱					
端口	出	端口类型	进	光纤配线箱端口类型	说明
第一层					
G01	1nPCS-978B07插件 光纤接口1	多模,LC	主变压器220kV侧智能终端柜	多模,ST	直采SV　至主变压器220kV侧智能终端柜,合并单元
G02		多模,LC		多模,ST	至主变压器220kV侧智能终端柜,合并单元
G03				多模,ST	至主变压器220kV侧智能终端柜,光缆转接用
G04				多模,ST	至主变压器220kV侧智能终端柜,光缆转接用
G05	11n交换机光纤接口1	多模,ST		多模,ST	组网SV　至主变压器220kV侧智能终端柜,合并单元
G06		多模,ST		多模,ST	至主变压器220kV侧智能终端柜,合并单元
G07				多模,ST	至主变压器220kV侧智能终端柜,光缆转接用
G08				多模,ST	至主变压器220kV侧智能终端柜,光缆转接用
G09				多模,ST	至主变压器220kV侧智能终端柜,光缆转接用
G10				多模,ST	至主变压器220kV侧智能终端柜,光缆转接用
G11	11n交换机光纤接口2	多模,ST		多模,ST	组网GOOSE　至主变压器220kV侧智能终端
G12		多模,ST		多模,ST	至主变压器220kV侧智能终端
G13	1nPCS_978B07插件 光纤接口2	多模,LC	主变压器220kV侧智能终端柜	多模,ST	直跳　至主变压器220kV侧智能终端柜,智能终端
G14		多模,ST		多模,ST	至主变压器220kV侧智能终端柜,智能终端
G15				多模,ST	至主变压器220kV侧智能终端柜,光缆转接用
G16				多模,ST	备用芯
G17				多模,ST	备用芯
G18				多模,ST	备用芯
G19				多模,ST	至主变压器220kV侧智能终端柜,光缆转接用
G20				多模,ST	至主变压器220kV侧智能终端柜,光缆转接用
G21				多模,ST	备用芯
G22				多模,ST	备用芯
G23				多模,ST	备用芯
G24				多模,ST	备用芯
第二层					
G25	1nPCS-978B07插件 光纤接口4	多模,LC		多模,ST	直采SV　至主变压器本体智能终端柜,合并单元
G26		多模,LC		多模,ST	至主变压器本体智能终端柜,合并单元
G27	11n交换机光纤接口6	多模,ST		多模,ST	组网GOOSE　至主变压器本体智能终端柜,智能终端
G28		多模,ST		多模,ST	至主变压器本体智能终端柜,智能终端
G29				多模,ST	至主变压器本体智能终端柜,光缆转接用
G30				多模,ST	至主变压器本体智能终端柜,光缆转接用
第三层					
G31				多模,ST	备用芯
G32				多模,ST	
G33				多模,ST	
G34				多模,ST	
G35				多模,ST	
G36				多模,ST	

注：G01～G24 采用24芯光缆至主变压器220kV侧智能终端柜；G25～G30 采用6芯光缆至主变压器本体智能终端柜。

图9-17　PCS-978变压器保护装置1X光纤配线箱光缆连接图

2X 光纤配线箱

端口		出	端口类型	进	光纤配线箱端口类型	说明	
第一层	G01	1n PCS-978 B09插件光纤接口1	多模, LC	主变压器110kV侧智能端端柜	多模, ST	直采SV	采用24芯光缆至主变压器110kV侧智能终端柜
	G02		多模, LC		多模, ST	至主变压器110kV侧智能终端柜, 合并单元	
	G03				多模, ST	备用芯	
	G04				多模, ST	备用芯	
	G05				多模, ST	至主变压器110kV侧智能终端柜, 光缆转接用	
	G06				多模, ST		
	G07				多模, ST	至主变压器110kV侧智能终端柜, 光缆转接用	
	G08				多模, ST		
	G09				多模, ST	备用芯	
	G10				多模, ST	备用芯	
	G11				多模, ST	备用芯	
	G12				多模, ST	备用芯	
第二层	G13	1n PCS-978 B09插件光纤接口2	多模, LC	主变压器110kV侧智能端端柜	多模, ST	直跳	
	G14		多模, LC		多模, ST	至主变压器110kV侧智能终端柜, 智能终端	
	G15				多模, ST	至主变压器110kV侧智能终端柜, 光缆转接用	
	G16				多模, ST		
	G17	12n交换机光纤接口1	多模, ST	主变压器110kV侧智能端端柜	多模, ST	组网	
	G18		多模, ST		多模, ST	至主变压器110kV侧开关柜, 智能终端	
	G19				多模, ST	至主变压器110kV侧开关柜, 光缆转接用	
	G20				多模, ST	至主变压器110kV侧开关柜, 光缆转接用	
	G21				多模, ST	备用芯	
	G22				多模, ST	备用芯	
	G23				多模, ST	备用芯	
	G24				多模, ST	备用芯	
第三层	G25	1n PCS-978 B09插件光纤接口5	多模, LC	至主变压器35kV侧开关柜	多模, ST	直采SV	采用12芯光缆至主变压器35kV侧智能终端柜
	G26		多模, LC		多模, ST	至主变压器35kV侧开关柜, 合并单元	
	G27				多模, ST	至主变压器35kV侧开关柜, 光缆转接用	
	G28				多模, ST	至主变压器35kV侧开关柜, 光缆转接用	
	G29	1n PCS-978 B09插件光纤接口6	多模, LC	至主变压器35kV侧开关柜	多模, ST	直跳	
	G30		多模, LC		多模, ST	至主变压器35kV侧开关柜, 智能终端	
	G31	1n PCS-978 B09插件光纤接口7	多模, LC	至主变压器35kV侧开关柜	多模, ST	闭锁备投	
	G32		多模, LC		多模, ST	至主变压器35kV侧开关柜, 转接到35kV备自投装置	
	G33				多模, ST	至主变压器35kV侧开关柜, 光缆转接用	
	G34				多模, ST	至主变压器35kV侧开关柜, 光缆转接用	
	G35				多模, ST	至主变压器35kV侧开关柜, 光缆转接用	
	G36				多模, ST	备用芯	
第四层	G37	1n PCS-978 B09插件光纤接口4	多模, LC	至主变压器本体智能终端柜	多模, ST	直采SV	采用6芯光缆至主变压器本体侧智能终端柜
	G38		多模, LC		多模, ST	至主变压器本体智能终端柜, 合并单元	
	G39				多模, ST	至主变压器本体智能终端柜, 光缆转接用	
	G40				多模, ST		
	G41				多模, ST	至主变压器本体智能终端柜, 光缆转接用	
	G42				多模, ST	备用芯	
	G43				多模, ST		
	G44				多模, ST		
	G45				多模, ST		
	G46				多模, ST		
	G47				多模, ST		
	G48				多模, ST		

图 9-18　PCS-978 变压器保护装置 2X 光纤配线箱光缆连接图

图中可以看出，1X 光纤配线箱从变压器 220kV 侧智能终端柜敷设了 1 根 24 芯光缆，包括变压器 220kV 侧直采 SV、组网 SV、变压器 220kV 侧直跳和组网 GOOSE。直采 SV 和直跳分别转接至 PCS-978 保护装置使用；组网 SV 和组网 GOOSE 分别转接至 220kV 过程层交换机。1X 光纤配线箱从变压器本体智能终端柜敷设了 1 根 6 芯光缆，包括变压器本体直采 SV 和组网 GOOSE，分别转接至 PCS-978 保护装置和 220kV 过程层交换机。

2X 光纤配线箱从变压器 110kV 侧智能终端柜敷设了 1 根 24 芯光缆，包括变压器 110kV 侧直采 SV、组网 SV 和变压器 110kV 侧直跳。直采 SV 和直跳分别转接至 PCS-978 保护装置使用；组网 SV 转接至 110kV 过程层交换机。2X 光纤配线箱从变压器 35kV 侧智能终端柜敷设了 1 根 12 芯光缆，包括变压器 35kV 侧直采 SV、变压器 35kV 侧直跳和变压器后备保护动作闭锁备自投。全部转接至 PCS-978 保护装置使用。2X 光纤配线箱还从变压器本体智能终端柜敷设了 1 根 6 芯光缆，包括变压器本体直采 SV，转接至 PCS-978 保护装置。

结合图 9-16 和图 9-17，以变压器 220kV 侧为例，合并单元、智能终端、光纤配线箱和保护装置的原理连接简图如图 9-19 所示。变压器 110kV 侧和变压器本体与变压器保护装置之间的连接与图 9-19 类似。

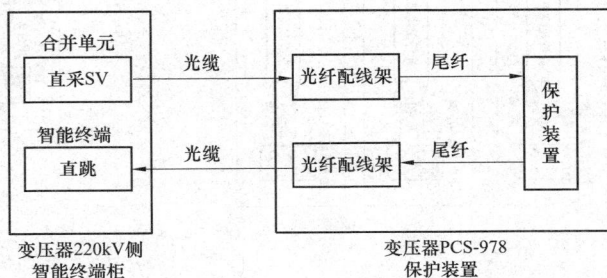

图 9-19　智能终端柜与保护装置连接简图

2. PRS-778D 保护装置

PRS-778D 主变压器保护装置光纤接口布置如图 9-20 所示。

图 9-20 中，1n7 和 1nA 都是变压器保护装置的通信 CPU，不同之处是 1n7 插件的光口用于直采，而 1nA 插件的光口可用于 GOOSE 组网或直跳口。1n9 是保护器保护装置的光纤接口板。1n7 插件有 8 个光纤接口，主要实现变压器 220kV 侧、110kV 侧点对点 SV 及变压器本体中性点直采 SV 等信息的接收发送。第 1 个光口是变压器 220kV 侧直采 SV，传输的信号为电子式互感器输出的电气量数字采样值，来自变压器 220kV 侧智能终端柜合并单元。第 2 个光口是变压器 110kV 侧直采 SV，传输的信号为电子式互感器输出的电气量数字采样值，来自变压器 110kV 侧智能终端柜合并单元。第 3 个光口是变压器 220kV 侧本体直采 SV，传输的信号为变压器本体零序电流互感器输出的 220kV 中性点零序电流、间隙电流等电气量数字采样值；第 4 个光口是变压器 110kV 侧本体直采 SV，传输的信号为变压器本体零序电流互感器输出的 110kV 中性点零序电流、间隙电流等电气量数字采样值，第 3、4 个光口的采样信息都来自变压器本体智能终端柜中的合并单元。第 5、6、7、8 光口为备用光口。1n9 插件有 4 个光纤接口，主要实现变压器 220kV 侧、110kV 侧和 35kV 侧点对点直跳。第 1、2 个光口分别连接至变压器 220kV 侧和 110kV 侧智能终端柜的智能终端装置，第 3 个光口连接至变压器 35kV 侧智能终端合并单元一体装置。分别实现变压器保护装置保护动作直跳变压器三侧断路器的功能。第 4 光口为备用光口。1nA 插件有 2 个光纤接口，主要实现变压器 220kV 侧、110kV 侧 GOOSE 组网的功能。

PRS-778D 保护柜光纤配线箱光缆连接如图 9-21 所示。与 PCS-978 保护装置的基本相同，区别只是 PRS-778D 保护柜光纤配线箱光缆只包括变压器三侧的直采 SV 和直跳光纤，没有 PCS-978 保护装置光纤配线箱中的组网 SV 和组网 GOOSE 的光纤。

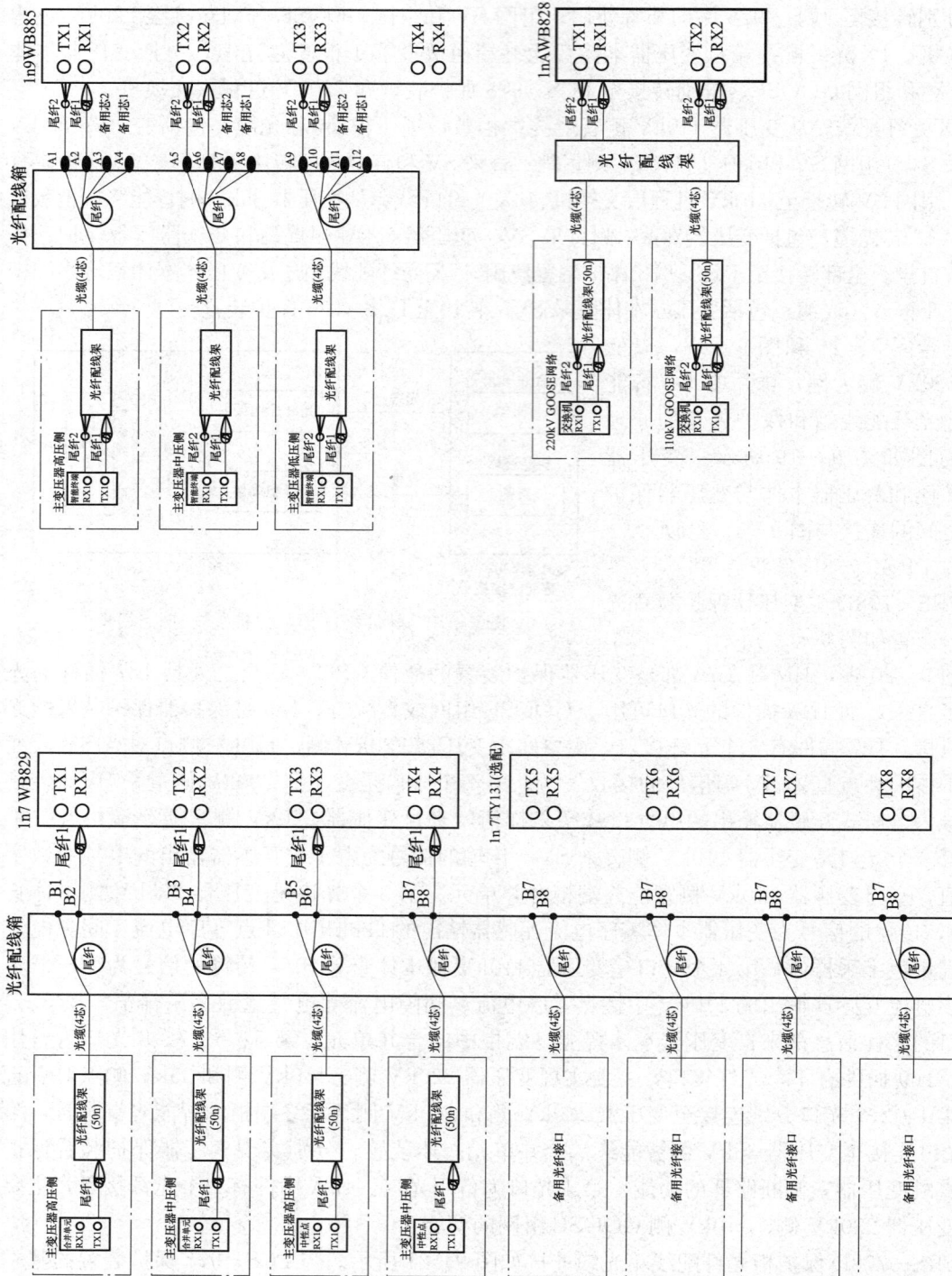

图 9-20　PRS-778D 主变压器保护装置光纤接口布置图

光纤配线箱一

端口	端口类型	进（出）	进	光纤配线箱端口类型	说明
A01	多模,ST	本柜PRS778-D 1n9插件T1接口	主变压器高压侧智能终端	多模,ST	直跳
A02	多模,ST	本柜PRS778-D 1n9插件R1接口	主变压器高压侧智能终端	多模,ST	
A03	多模,ST	备用	备用	多模,ST	
A04	多模,ST	备用	备用	多模,ST	
A05	多模,ST	本柜PRS778-D 1n9插件T2接口	主变压器中压侧智能终端	多模,ST	直跳
A06	多模,ST	本柜PRS778-D 1n9插件R2接口	主变压器中压侧智能终端	多模,ST	
A07	多模,ST	备用	备用	多模,ST	
A08	多模,ST	备用	备用	多模,ST	
A09	多模,ST	本柜PRS778-D 1n9插件T3接口	主变压器低压侧智能终端合并装置	多模,ST	直采
A10	多模,ST	本柜PRS778-D 1n9插件R3接口	主变压器低压侧智能终端合并装置	多模,ST	
A11	多模,ST	备用	备用	多模,ST	
A12	多模,ST	备用	备用	多模,ST	
B01	多模,ST	本柜PRS778-D 1n7插件T1接口	主变压器高压侧合并单元	多模,ST	直采
B02	多模,ST	本柜PRS778-D 1n7插件R1接口	主变压器高压侧合并单元	多模,ST	
B03	多模,ST	备用	备用	多模,ST	
B04	多模,ST	备用	备用	多模,ST	
B05	多模,ST	本柜PRS778-D 1n7插件T2接口	主变压器中压侧合并单元	多模,ST	直采
B06	多模,ST	本柜PRS778-D 1n7插件R2接口	主变压器中压侧合并单元	多模,ST	
B07	多模,ST	备用		多模,ST	
B08	多模,ST	备用		多模,ST	
B09					
B10	多模,ST	备用		多模,ST	
B11	多模,ST	备用		多模,ST	
B12	多模,ST	备用		多模,ST	

光纤配线箱一

端口	端口类型	进（出）	进	光纤配线箱端口类型	说明
C01	多模,ST	本柜PRS778-D 1n7插件T4接口	主变压器中压侧中性点合并单元	多模,ST	直跳
C02	多模,ST	本柜PRS778-D 1n7插件R4接口	主变压器中压侧中性点合并单元	多模,ST	
C03	多模,ST	备用	备用	多模,ST	
C04	多模,ST	备用	备用	多模,ST	直跳
C05	多模,ST	备用	备用	多模,ST	
C06	多模,ST	备用	备用	多模,ST	
C07	多模,ST	备用	备用	多模,ST	
C08	多模,ST	备用	备用	多模,ST	直采
C09	多模,ST	备用	备用	多模,ST	
C10	多模,ST	备用	备用	多模,ST	
C11	多模,ST	备用	备用	多模,ST	
C12	多模,ST	备用	备用	多模,ST	
D01	多模,ST	备用	备用	多模,ST	直采
D02	多模,ST	备用	备用	多模,ST	
D03	多模,ST	备用	备用	多模,ST	
D04	多模,ST	备用	备用	多模,ST	
D05	多模,ST	备用	备用	多模,ST	直采
D06	多模,ST	备用	备用	多模,ST	
D07	多模,ST	备用	备用	多模,ST	
D08	多模,ST	备用	备用	多模,ST	
D09	多模,ST	备用	备用	多模,ST	备用
D10	多模,ST	备用	备用	多模,ST	
D11	多模,ST	备用	备用	多模,ST	
D12	多模,ST	备用	备用	多模,ST	

图9-21 PRS-778D保护柜光纤配线箱光缆连接图

第四节　智能变电站二次回路特点及配置文件介绍

一、智能变电站四类配置文件

传统二次设计的过程如下：装置研发人员设计和定义装置的端子，工程设计人员根据用户或设计院的要求将相关的端子引到屏柜的端子排，并根据需要在端子排和装置之间加入连接片；设计院设计各个屏柜的端子排之间的二次电缆连线；施工单位根据设计院的设计图纸进行屏柜间接线；调试单位根据图纸对相关接线和应用功能进行测试和检查。经过多年传统二次设计的实践，特定功能的装置需要引出的端子和需要加入的连接片已经逐渐确定并形成设计规范。

变电站智能化后，二次电缆的设计和连接工作变成了 SV、GOOSE 通信组态和配置文件下装的工作。对于每一台装置而言，其输入、输出与传统端子排仍然存在对应的关系。因此，各个二次设备厂家可以根据传统设计规范设计并提供出其装置的输入、输出虚端子定义（通过在 ICD 文件中预定义数据集和控制块、预定义 INPUTS 实现）；设计院根据该虚端子定义设计连线，以表格的方式提供；工程集成商通过组态工具和设计院的设计文件，组态形成项目的变电站配置描述文件；二次设备厂家使用装置配置工具和全站统一的变电站配置描述文件，提取配置信息并下发到装置；调试人员进行测试。智能变电站二次文件设备配置流程如图 9-22 所示。

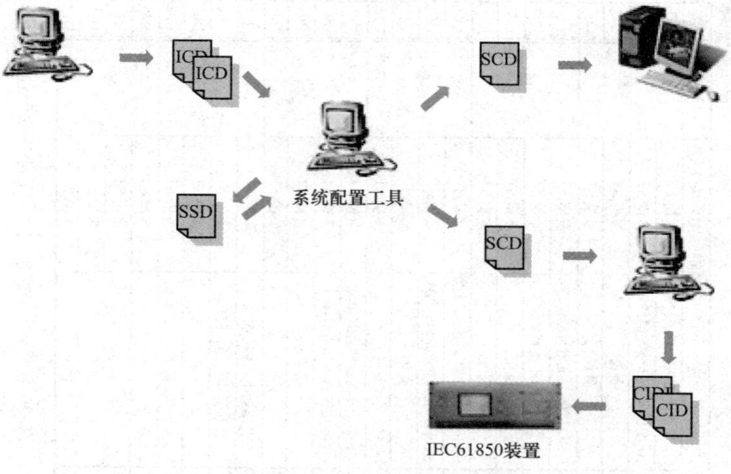

图 9-22　智能变电站二次文件设备配置流程图

上图中 4 个重要的描述文件定义解释如下：

（1）系统定义文件（System Specification Description，SSD）：应全站唯一，该文件描述变电站一次系统结构及相关联的逻辑节点，最终包含在 SCD 文件中。

（2）变电站配置描述文件（Substation Configuration Description，SCD）：该文件包含全站所有信息，描述所有 IED 的实例配置和通信参数、IED 之间的通信配置以及变电站一次系统结构，SCD 文件应包含版本修改信息，明确描述修改时间、修改版本号等内容，SCD 文件建立在 ICD 和 SSD 文件的基础上；目前，一些监控系统已支持根据 SCD 或 ICD

文件自动映射生成数据库，减少了监控后台数据库配点号的困难。

（3）IED设备能力描述文件（IED Capability Description，ICD）：按设备配置，该文件描述IED的基本数据模型及服务，但不包含IED实例名称和通信参数。

已配置的IED描述文件（Configured IED Description，CID）：一般从SCD文件导出生成，禁止手动修改，以避免出错，一般全站唯一、每个装置一个，直接下载到装置中使用。IED通信程序启动时自动解析CID文件映射生成相应的逻辑节点数据结构，实现通信与信息模型的分离，可在不修改通信程序的情况下，快速修改相关模型映射与配置。

随着光纤以网络通信代替了传统电缆硬接线，使得工程中以往一些查点对信号的工作变成了对配置文件参数与配置的核对，因此，工程人员需对配置文件的格式与配置方法深入掌握。从前述可知，4类配置文件中，配置信息最终主要在CID中实例化配置文件。

二、虚端子的概念

GOOSE、SV输入、输出信号为网络上传递的变量，与传统屏柜的端子存在着对应的关系，为了便于形象地理解和应用GOOSE、SV信号，将这些信号的逻辑连接点称为虚端子。

智能变电站中的GOOSE用于装置之间的通信，SV用于采样值传输。因此，GOOSE相当于常规变电站中的二次直流电缆，SV相当于常规变电站中的二次交流电缆，如图9-23所示。

GOOSE以快速的以太网多播报文传输为基础，代替了传统的智能电子设备之间硬接线的通信方式，为逻辑节点间的通信提供了快速且高效可靠的方法。GOOSE服务支持由数据集组成公共数据的交换，主要用于保护跳闸、断路器位置、联锁信息等实时性要求高的数据传输。

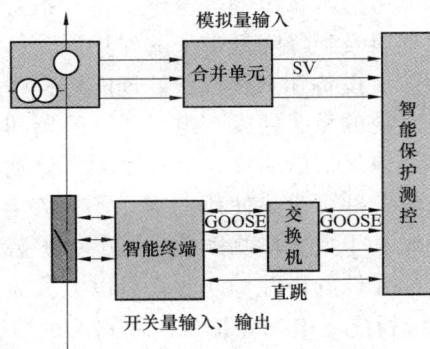

图9-23　智能变电站与传统二次回路对应关系

智能变电站中设备间的虚端子连接关系如图9-24所示。

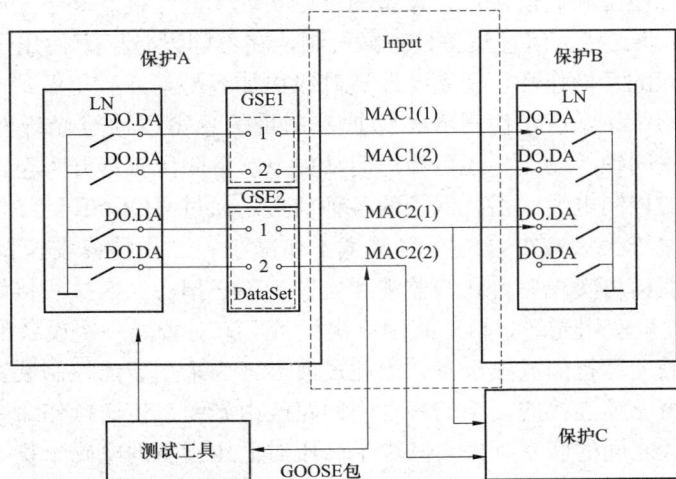

图9-24　虚端子连接关系

LN—逻辑节点，相当于保护的板卡；DO.DA—数据对象.数据属性，相当于板卡上的接点；DataSet—数据集（开出），集合要用到的开出接点 LN.DO.DA；GSEControl—数据块，一般每个数据块里打包一个数据集发布到 GOOSE 网上，相当于端子排；MAC—组播地址，每个数据块有唯一的 MAC 地址；Input—订阅（开入），相当于柜间线。

三、智能变电站二次回路特点

综上所述，现阶段智能变电站二次回路主要有以下特点：

（1）不存在电流互感器二次回路开路、电压互感器二次回路短路导致危及人身安全等问题，提高了保护动作的可靠性。智能变电站在电气量采集环节采用了电子式互感器技术，对于变电站二次系统技术应用带来的最明显特征就是，一次系统的电流、电压等电气量信息通过合并单元变为低电平的数字信号，经光缆直接传递给变电站二次系统的 IED 设备。变电站二次系统不再需要引入交流二次电缆，一次系统和二次系统可以实现有效的电气隔离。因此常规变电站由于交流电缆引起的传导性电磁干扰现象将不复存在，以往因一次系统故障产生的干扰对二次系统的影响将得到有效的控制。二次系统的安全性大大提高，二次系统的接地只需要考虑本系统的等电位问题，不需要与一次系统关联。同时也可以大大降低由于二次接线错误以及绝缘降低带来的保护误动、拒动等事故。并且由于数字化的电流、电压信号在传送到二次设备和二次设备处理的过程中均不会产生附加误差，提升了保护系统、测量系统和计量系统的系统精度。电子式互感器动态范围大、对于不同应用的适应性强，可同时满足计量和继电保护的需要，合并单元可分别输出信号给不同的装置，只要合并单元的输出接口数量足够，即可满足使用需求，不存在容量限制问题，这就从源头上保证信息采集的唯一性。同时基于数字量测系统的继电保护装置不再需要考虑 TA 开路、TV 短路以及互感器饱和、方向元件的极性等问题，可以大大简化保护装置的算法，提高保护动作的可靠性。

（2）智能变电站保护二次回路均由 GOOSE 网络替代。智能变电站的各项信息采集、处理、传输和存储等功能的实现完全基于网络通信技术，过程层、间隔层、站控层的 IED 设备及网络通信设备，如路由器、网关、交换机、接口装置等组成了整个变电站的二次系统，其各个环节可以得到有效的监视，提高了二次系统的实时监视功能。由于所有智能设备均按统一的标准建立信息模型和通信接口，设备间可以实现无缝连接。基于变电站通信网络与系统协议 IEC61850 标准支持，信息具备自解释机制，在不同设备厂家使用了各自扩展的信息时也能保证设备之间的互操作性，使系统改造升级更加容易，并有望做到即插即用。

采用 GOOSE 网络技术后，使得各种保护控制量信息得以通过光纤网络传输，实现开入、跳合闸、五防联闭锁等功能，还可传送启动失灵、解除闭锁等开入量给失灵保护，取消了二次设备间大量的控制电缆联系。保护的各种信号均通过 GOOSE 网络传输到相应的设备上，保护测控屏内接线大大减少，施工与调试工作减少，二次检修安全措施更方便、更可靠。而且 GOOSE 通信可实现后台在线监视和告警，不必担心二次接线接触不良等问题。

（3）二次回路大量使用光纤。目前我国一次设备厂家对智能一次设备的开发研究尚在试验阶段，没有进入商业运行的成熟设备，因此过渡方案为采用智能控制装置实现断路器控制功能就地化。原来由电缆连接的复杂的跳合闸回路改由光缆来传送操作命令，不仅消除了二次系统与开关站电气之间的联系，大大减少了高压对低压设备的电磁干扰，而且降低了现场维护的工作量，有利于实现二次系统的状态检修。同时可以通过智能化控制，提高一次设备的运行寿命和降低操作带来的对电网安全的影响。

思　考　题

1. 简述智能变电站的基本概念和特点。
2. 智能变电站的优越性包括哪几方面？
3. 简述智能变电站和常规变电站的主要区别。
4. 简述智能变电站过程层 220kV 间隔的典型配置。
5. 根据工程应用实例，简要画出 220kV 线路间隔智能终端柜至线路保护装置之间、线路保护装置与测控屏之间的原理连接简图。
6. 智能变电站有哪 4 类配置文件？它们之间的关系是什么？
7. 智能变电站二次回路有哪些特点？

附录 A 新旧符号对照表

新旧符号对照表

序号	名称	新符号	旧符号
1	合闸继电器	KC	HJ
2	合闸/跳闸保持继电器	KCF	HBJ、TBJ
3	跳闸继电器	KT	TJ
4	复归继电器	KM	FJ
5	出口继电器	KCO	DZJ、BTJ、BCJ
6	闭锁继电器	KCB	BSJ
7	切换继电器	KCW	YQJ
8	跳闸位置继电器	KCT	TWJ
9	合闸位置继电器	KCC	HWJ
10	压力监视继电器	KVP	YJJ
11	重合闸继电器	KRC	HJ
12	信号继电器	KT	XJ
13	控制（中间）继电器	KC	ZJ
14	电源监视继电器	KVS	JJ
15	频率继电器	KF	ZHJ
16	启动继电器	KST	QJ
17	信号继电器	KS	XJ
18	闭锁继电器	KCB	BSJ
19	隔离开关	QS	G
20	断路器	QF	DL
21	连接片	XB	LP
22	自动开关	QA	ZK
23	接地开关	QSE	G

参 考 文 献

[1] 国家电网公司人力资源部．国家电网公司生产技能人员职业能力培训通用教材　二次回路．北京：中国电力出版社，2010.

[2] 阎晓霞，苏小林．变配电所二次系统．北京：中国电力出版社，2004.

[3] 何永华．发电厂及变电站的二次回路．北京：中国电力出版社，2007.

[4]《二次回路识图及故障查找与处理》编写组．二次回路识图及故障查找与处理．北京：中国水利水电出版社，2011.

[5] 郑新才，陈国永．220kV 变电站典型二次回路详解．北京：中国电力出版社，2011.

[6] 王国光．变电站综合自动化系统二次回路及运行维护．北京：中国电力出版社，2005.

[7] 王宗山．智能变电站若干关键技术研究与应用．上海交通大学，2012.

[8] 高翔．数字化变电站应用技术．北京：中国电力出版社，2008.

[9] 黄少雄．常规变电站智能化改造工程实施方案研究．上海交通大学，2011.

[10] 朱莹．上海 220 千伏变电站智能化改造若干关键技术．上海交通大学，2012.

[11] 李瑞生，李燕斌，周逢权．智能变电站功能架构及设计原则．电力系统保护与控制，2010.

[12] 冯军．智能变电站原理及测试技术．北京：中国电力出版社，2012.

[13] 段吉泉，段斌．变电站 GOOSE 报文在 IED 中的实时处理．电力系统自动化，2007，31（11）：65－69.